U0351844

现代铝加工生产技术丛书

主编 钟 利 赵世庆

铝及铝合金粉材生产技术

宋晓辉 吕新宇 谢水生 编著

北 京

冶 金 工 业 出 版 社

2008

内 容 简 介

　　本书是《现代铝加工生产技术丛书》之一，详细介绍和论述了铝粉的性能、生产工艺、设备、检测、危险事项等。全书共分 13 章，内容包括：绪论、铝粉的性能、铝粉性能的测量、铝粉的雾化、铝粉的研磨、铝粉的冲击粉碎、铝粉的分级、铝粉的改性、铝粉的脱水、铝粉的干燥、铝粉的制备与加工、铝粉生产的安全与防护、铝粉生产技术的发展趋势等。在内容组织和结构安排上，力求理论联系实际，切合生产实际需要，突出实用性、先进性和行业特色，为读者提供一本实用的技术著作。

　　本书是铝加工生产企业工程技术人员必备的技术读物，也可供从事有色金属材料与加工的科研、设计、教学、生产和应用等方面的技术人员与管理人员使用，同时可作为大专院校有关专业师生的参考书。

图书在版编目（CIP）数据

铝及铝合金粉材生产技术/宋晓辉等编著. —北京：冶金工业出版社，2008.8
　（现代铝加工生产技术丛书）
　ISBN 978-7-5024-4642-0

　Ⅰ. 铝…　Ⅱ. 宋…　Ⅲ. 铝粉—生产工艺　Ⅳ. TQ624

　中国版本图书馆 CIP 数据核字（2008）第 112539 号

出 版 人　曹胜利
地　　址　北京北河沿大街嵩祝院北巷 39 号，邮编 100009
电　　话　（010）64027926　电子信箱　postmaster@ cnmip. com. cn
责任编辑　张登科　王雪涛　美术编辑　李　心　版式设计　张　青
责任校对　栾雅谦　责任印制　牛晓波
ISBN 978-7-5024-4642-0
北京鑫正大印刷有限公司印刷；冶金工业出版社发行；各地新华书店经销
2008 年 8 月第 1 版，2008 年 8 月第 1 次印刷
148mm×210mm；6.875 印张；200 千字；200 页；1-3000 册
25.00 元

冶金工业出版社发行部　电话：**(010)64044283**　传真：**(010)64027893**
冶金书店　地址：**北京东四西大街 46 号(100711)**　电话：**(010)65289081**
　　　　（本书如有印装质量问题，本社发行部负责退换）

《现代铝加工生产技术丛书》

编辑委员会

《现代铝加工生产技术丛书》

主要参编单位

东北轻合金有限责任公司

西南铝业（集团）有限责任公司

中国铝业股份有限公司西北铝加工分公司

北京有色金属研究总院

广东凤铝铝业有限公司

广东中山市金胜铝业有限公司

上海瑞尔实业有限公司

《丛书》前言

节约资源、节省能源、改善环境越来越成为人类生活与社会持续发展的必要条件，人们正竭力开辟新途径，寻求新的发展方向和有效的发展模式。轻量化显然是有效的发展途径之一，其中铝合金是轻量化首选的金属材料。因此，进入 21 世纪以来，世界铝及铝加工业获得了迅猛的发展，铝及铝加工技术也进入了一个崭新的发展时期，同时我国的铝及铝加工产业也掀起了第三次发展高潮。2007 年，世界原铝产量达 3880 万 t（其中：废铝产量 1700 万 t），铝消费总量达 4275 万 t，创历史新高；铝加工材年产达 3200 万 t，仍以 5% ~6% 的年增长率递增；我国原铝年产量已达 1260 万 t（其中：废铝产量 250 万 t），连续五年位居世界榜首；铝加工材年产量达 1176 万 t，一举超过美国成为世界铝加工材产量最大的国家。与此同时，我国铝加工材的出口量也大幅增加，我国已真正成为世界铝业大国，铝加工业大国。但是，我们应清楚地看到，我国铝加工材在品种、质量以及综合经济技术指标等方面还相对落后，生产装备也不甚先进，与国际先进水平仍有一定差距。

为了促进我国铝及铝加工技术的发展，努力赶超世界先进水平，向铝业强国和铝加工强国迈进，还有很多工作要做：其中一项最重要的工作就是总结我国长期以来在铝加工方面的生产经验和科研成果；普及和推广先进铝加工技术；提出我国进一步发展铝加工的规划与方向。

几年前，中国有色金属学会合金加工学术委员会与冶金工业出版社合作，组织国内 20 多家主要的铝加工企业、科研院所、大专院校的百余名专家、学者和工程技术人员编写出版了大型工具书——《铝加工技术实用手册》，该书出版后受到广大读者，特别是铝加工企业工程技术人员的好评，对我国铝加工业的发展起到一定的促进作用。但由于铝加工工业及技术涉及面广，内容十分丰富，《铝加工技术实用手册》因篇幅所限，有些具体工艺还不尽深入。因此，有读者反映，能有一套针对性和实用性更强的生产技术类《丛书》与之配套，相辅相成，互相补充，将能更好地满足读者的需要。为此，中国有色金属学会合金加工学术委员会与冶金工业出版社计划在"十一五"期间，组织国内铝加工行业的专家、学者和工程技术人员编写出版《现代铝加工生产技术丛书》（简称《丛书》），以满足读者更广泛的需求。《丛书》要求突出实用性、先进性、新颖性和可读性。

《丛书》第一次编写工作会议于 2006 年 8 月 20 日在北戴河召开。会议由中国有色金属学会合金加工学术委员会主持，参加会议的单位有：西南铝业（集团）有限责任公司、东北轻合金有限责任公司、中国铝业股份有限公司西北铝加工分公司、北京有色金属研究总院、广东凤铝铝业有限公司、华北铝业有限公司的代表。会议成立了《丛书》编写筹备委员会，并讨论了《丛书》编写和出版工作。2006 年年底确定了《丛书》的分工。

第一次《丛书》编写工作会议以后，各有关单位领导十分重视《丛书》的编写工作，分别召开了本单位的编写工作会议，将编写工作落实到具体的作者，并都拟定了编写大纲和目录。中国有色金属学会的领导也十分重视《丛书》的编写工作，将《丛书》的编写出版工作列入学会的 2007～2008 年工作计划。

为了进一步促进《丛书》的编写和协调编写工作，编委会于 2007 年 4 月 12 日在北京召开了第二次《丛书》编写工作会议。参加会议的有来自西南铝业（集团）有限责任公司、东北轻合金有限责任公司、中国铝业股份有限公司西北铝加工分公司、北京有色金属研究总院、广东凤铝铝业有限公司、上海瑞尔实业有限公司、广东中山市金胜铝业有限公司、华北铝业有限公司和冶金工业出版社的代表 21 位同志。会议进一步修订了《丛书》各册的编写大纲和目录，落实和协调了各册的编写工作和进度，交流了编写经验。

为了做好《丛书》的出版工作，2008 年 5 月 5 日在北京召开了第三次《丛书》编写工作会议。参加会议的单位有：西南铝业（集团）有限责任公司、东北轻合金有限责任公司、中国铝业股份有限公司西北铝加工分公司、北京有色金属研究总院、广东凤铝铝业有限公司、广东中山市金胜铝业有限公司、上海瑞尔实业有限公司和冶金工业出版社，会议代表共 18 位同志。会议通报了编写情况，协调了编写进度，落实了各分册交稿和出版计划。

《丛书》因各分册由不同单位承担，有的分册是合作编写，编写进度有快有慢。因此，《丛书》的编写和出版工作是统一规划，分步实施，陆续尽快出版。

由于《丛书》组织和编写工作量大，作者多和时间紧，在编写和出版过程中，可能会有不妥之处，恳请广大读者批评指正，并提出宝贵意见。

《现代铝加工生产技术丛书》编委会

2008 年 6 月

前　言

铝粉作为铝合金材料的一个分支，具有一定的特殊性，它既具有粉末冶金材料的特征，又具有化学品的特点。这门技术涉及到粉末冶金学、选矿学、流体动力学、表面化学等多门学科，多年来一直属于边缘学科。近年来随着铝粉材料应用领域的逐渐扩大，这一特种材料加工技术不断提高并受到人们的重视。

本书详细介绍了铝粉的性能、生产工艺、设备、检测、危险事项等。全书共分 13 章，内容包括：绪论、铝粉的性能、铝粉性能的测量、铝粉的雾化、铝粉的研磨、铝粉的冲击粉碎、铝粉的分级、铝粉的改性、铝粉的脱水、铝粉的干燥、铝粉的制备与加工、铝粉生产的安全与防护、铝粉生产技术的发展趋势等。在内容组织和结构安排上，力求理论联系实际，切合生产实际需要，突出实用性、先进性和行业特色，为读者提供一本实用的技术著作。

本书是铝加工生产企业工程技术人员必备的技术读物，也可供从事有色金属材料与加工的科研、设计、教学、生产和应用等方面的技术人员与管理人员使用，同时可作为大专院校有关专业师生的参考书。

本书第 4～12 章由宋晓辉编写，第 1、2、3、13 章由吕新宇编写，全书最后由谢水生教授审定。由于铝粉材技术涉及学科较多，书中的阐述未必全面、详细和透彻，望读者多提宝贵意见。

本书在编写过程中，得到了东北轻合金有限责任公司的支持以及我们的同事、朋友和家人的关心和帮助，同时书中参阅了国内外有关专家、学者的一些文献资料，在此一并表示衷心的感谢。

　　由于作者水平有限，书中不妥之处，敬请广大读者批评指正。

作　者

2008 年 6 月

目　录

1 绪 论

1.1 概述

铝及铝合金粉材是以金属铝为主要成分，根据不同用途，适当加入其他成分，采用不同的加工方法制备而成的金属粉末，其外形尺寸一般小于 1000μm。通常把纯铝为原料制备加工而成的粉末称为铝粉，铝和其他合金制备成的粉末称为铝合金粉。铝及其合金粉末一般是银灰色颗粒，形状有球形、准球形、粒状、片状和纤维状等。

铝粉的制备技术是粉末冶金加工技术的一部分。20 世纪初，金属粉体的雾化加工技术脱颖而出，并自成体系发展起来。由于雾化铝粉工艺的成熟，为球磨工艺提供了优质的原料。20 世纪 20~30 年代，正处于"二战"时期，由于武器弹药的大量使用，粉末需求量迅速增长，使铝粉的加工规模迅速扩大，促进了加工技术的逐渐成熟。50~60 年代，随着苏联对我国的大规模技术援助，在哈尔滨建成了我国第一家较大型的铝镁粉生产厂，这一项目被列为国家"一五"期间 156 项重点工程之一。经过四十多年的发展，在全国各地建起了多家大小不等的铝镁粉制备加工厂。

铝粉作为颜料已有 100 多年的历史，由于用途广、需求量大、品种多，成为金属颜料中的一大类。颜料用的铝粉主要是鳞片状的，也正是由于这种鳞片状的形态，使铝粉具有良好的金属色泽和屏蔽功能。最早是用捣冲法把铝碎屑加工成细小的片状铝粉，即把铝碎屑放在捣冲机的凹槽内，捣杵以机械振动方式连续冲打凹槽内的铝屑，在冲击下铝屑逐渐变成薄片并且破碎。在铝屑变得非常微薄细小后进行筛选，取出合乎要求的铝粉作为产品。捣冲法的生产效率很低，产品质量不易掌握，而且生产过程中粉尘很多，非常容易起火和爆炸。1894 年，德国 Hamtag 用球磨机生产铝粉，在球磨机内放入钢球、铝屑和润滑剂，利用飞动的钢球击碎铝屑之后成为鳞片状铝粉，在球磨机内和管道里充满惰性气体，这种方法现在仍然沿用，被称为"干法"。1910 年，美国 J. Hall 发明了在球磨机内加入石油溶剂代替惰性气体，生产的铝粉与溶剂混成浆状，成为浆状铝粉颜料。这种方法设备简单，工艺安全，产品使用起来非常方便，很快为世界各国所采用。现代绝大多数铝粉颜料都采用这种方法生产，这种方法称为"湿法"。

由于国内对高档颜料的需求，刺激了湿磨铝粉浆技术的发展。进入 21 世纪，德国、日本等工业发达国家的湿磨铝粉浆技术被我国大量引进，湿磨铝粉生产厂以珠江三角洲地区居多并发展迅速。国内雾化铝粉的亚音速空气雾化法、氮气雾化法均被采用，压水雾化法也开始在生产中被利用，产品既有非规则形状的，也有正球形的。在球磨法制造铝粉及铝粉浆方面，干法工艺和湿法工艺都有厂家采用。生产的产品有漂浮型铝粉及铝粉浆、非漂浮型铝粉及铝粉浆。随着生产工艺的发展，适合于水性涂料的水分散铝浆也已面世，合金形式的铝粉浆如锌铝浆也有生产。

1.2　铝粉的应用

铝粉广泛应用于航空航天、军工弹药、民用烟火、粉末冶金、石油化工、耐火材料、冶金、建材、装饰、防腐、农药等多个领域。在航空航天方面，铝粉能增加火箭推进剂的燃烧能量、抑制火箭发动机的不稳定性；在军工方面，铝粉可用于导弹战斗部，装药制成燃料空气炸药；在工业炸药方面，铝粉可增加炸药的密度，起到敏化作用和增加炸药的威力；在民用烟火方面，铝粉被用来与高氯酸钾、硫磺混合制作火花闪光炮；在粉末冶金方面可用来加工各种功能的轻质零部件及耐磨管道的复合陶瓷涂层等；在石油化工方面可作为化学催化剂使用；在耐火材料方面被用来制作耐火纤维、铝镁碳砖等；在建材方面作为轻质混凝土的发泡剂使用；铝粉的装饰和防腐功能广泛应用于飞机、汽车及其零部件的表面装饰、防腐以及涂料、油墨、印刷等多个行业。

铝粉是配制耐热涂料中最有用途的颜料，由于它具有反射热，本身耐热及在高温下能和铁形成合金起长期保护作用，以及有遮盖力强、成本低等综合性能，被广泛用于高温涂料。因它呈鳞片状，故防热氧化性能较好。但是，铝粉易受碱和无机酸的侵蚀，所以耐化学性能不佳。

1.3 铝粉的制备

铝粉的制备方法及加工过程主要有雾化、研磨、冲击粉碎、分级、改性、固液分离、干燥、抛光等，按工艺过程分为铝粉的制备和铝粉深加工两大类。铝粉的制备主要用机械法。机械法是将金属铝及其合金材料粉碎成细小颗粒而化学成分基本上不发生变化的工艺过程，包括雾化法、研磨法、冲击粉碎法。铝粉的深加工是指对初级制备的铝粉按不同的用途进行精深处理的过程，包括分级、改性、固液分离、干燥、抛光等。

雾化法按使用介质的不同分为气体雾化和水雾化。气体雾化又分为空气雾化和氮气（惰性气体）雾化；研磨法按研磨环境的不同分为干磨法和湿磨法；分级过程可分为筛分分级和流体动力分级，按分级环境的不同又分为干式分级和湿式分级。

1.4 铝粉的分类

铝粉按加工方式不同分为雾化铝粉、球磨铝粉、铝屑粉，其中球磨铝粉按其加工方式的不同又分为干磨铝粉和湿磨铝粉（也称为铝膏或铝粉浆）；按表面改性的不同分为漂浮型、非浮型、水分散型；按其粒度形状不同分为球形铝粉、片状铝粉；按用途不同分为工业铝粉、涂料铝粉、发气铝粉、农药铝粉等；按《危险化学品名录》（2002 版）分为有包附层铝粉、无包附层铝粉、镁铝粉。铝合金粉根据其主要成分的不同来命名，如铝镁合金粉、铝硅合金粉等。不同加工方式的铝粉分类见表1-1。

表 1-1 铝粉分类

加工方式		表面改性	粒度形状	用　途	统　称
雾化法	空气雾化	无	准球形、雾滴状	工业铝粉、易燃铝粉	雾化铝粉
	氮气雾化	无	球　形	球形特细铝粉	
	水雾化	无	不规则	球磨铝粉毛料	

加工方式		表面改性	粒度形状	用 途	统 称
研磨法	干磨铝粉	漂浮型	片 状	涂料铝粉、农药铝粉	球磨铝粉
		非浮型		涂料铝粉	
		水分散型		亲水发气铝粉	
	湿磨铝粉	漂浮型		涂料铝粉浆	
		非浮型		涂料铝粉浆	
		水分散型		建材、涂料铝粉浆	
冲击粉碎法		无	条、屑、多面体	工业铝粉	铝屑粉

注：铝合金粉的分类与铝粉相似，表中未列。

2 铝粉的性能

2.1 铝粉的一般性能

金属铝颜色呈银灰色,相对原子质量为27,密度为 2.71×10^3 kg/m^3,熔点650℃,沸点2060℃,燃烧热 $3.093 \times 10^4 J/kg$,20～100℃的线膨胀系数为 $2.35 \times 10^{-5}℃^{-1}$,金属铝良好的延展性使其易于塑性加工。纯铝的化学性质很活泼,在大气中极易与氧反应形成一层致密的氧化层,厚度约为5～10nm,这层氧化膜使铝具有优异的抗腐蚀性。铝粉除具有金属铝的基本特性外,还具有粉末的特点,即分散性和流动性,因此其更易发生化学反应。

铝粉的性能指标包括物理性能和化学性能。物理性能是指铝粉的物理特征,主要包括颗粒形状、粒度分布、松装密度、盖水面积(水面遮盖力)、附着率(漂浮力)等。化学性能是指铝粉化学成分的特殊性,主要包括铝及其他主要合金成分的含量、活性、杂质(Cu、Fe、Si、Zn等)的含量等。

国内外对铝粉的性能指标做了明确的规定。

雾化铝粉的执行标准为:美国国家军用标准规范 MIL-A-23950A(AS),特细铝粉规范 GJB 1738—1993,雾化铝粉 GB/T 2085.1—2006。

干法球磨铝粉的执行标准为:球磨铝粉 GB/T 2085.2—2006。

湿法球磨铝粉的执行标准为:色漆用铝粉颜料 ISO 1247 国际标准,铝粉浆 HG/T 2456—1993。

铝镁合金粉的执行标准为 GB/T 5150—2004。

不同种类的铝粉都有相应的性能要求:空气雾化铝粉性能指标见表2-1;干式球磨铝粉物理性能指标见表2-2;干式球磨铝粉化学性能指标见表2-3;特细铝粉性能指标见表2-4;氮气雾化铝粉性能指标见表2-5;湿式球磨铝粉(铝粉浆)性能指标见表2-6;铝镁合金

粉性能指标见表2-7。

表 2-1　空气雾化铝粉性能指标

牌　号	粒度分布		松装密度 /g·cm⁻³ (≥)	化学成分（质量分数）/%	
	筛网孔径 /μm	% (≤)		铝含量 (≤)	活性铝 (≥)
FLPA2500	+2500	0.3		98	
	−200	15			
FLPA1000	+1000	0.3		98	
	−200	15			
FLPA630	+630	0.3	0.96		97
	+450	12			
	−250	20			
FLPA500	+500	0.3		98	
FLPA450	+450	0.3	0.96		97
	+250	10			
	−140	20			
FLPA280	+280	10	0.96		95
	−180	40			
FLPA250	+250	0.3	0.96		96
	+160	10			
	−100	30			
FLPA180	+180	10	0.96		95
	−140	45			
FLPA160A	+160	0.3		98	
FLPA160B	+160	10	0.96		95
	−125	50			
FLPA140	+140	0.3	0.97		96
	−100	15			
FLPA125	+125	0.3		98	
FLPA80	+80	5		98	

注：表中正号表示筛上物，负号表示筛下物；杂质含量要求 $w(Fe) \leqslant 0.5\%$，$w(Si) \leqslant 0.5\%$，$w(Cu) \leqslant 0.1\%$，$w(H_2O) \leqslant 0.2\%$。

表 2-2　干式球磨铝粉物理性能指标

牌　号	粒度分布		松装密度 /g·cm⁻³	附着率/% (≥)	盖水面积 /m²·g⁻¹（≥）
	筛网孔径/μm	%（≤）			
FLQ80A	+80	1.0		80	0.6
FLQ56	+56 +45	0.3 0.5		80	0.7
FLQ45	+45	0.1		80	0.9
FLQ355A	+355 +160	0.3 8	≥0.3		
FLQ250	+250 +100	0.3 8	≥0.4		
FLQ224	+224 +80	0.3 10	≥0.5		
FLQ160	+160 +63	0.3 12	≥0.5		
FLQ355B	+160	6	≥0.3		
FLQ80B	+80	1.5	≤0.25		
FLQ63A	+63	0.3	≤0.25		
FLQ80C	+80	1.0	≤0.22		
FLQ63B	+63	1.0	≤0.22		
FLQ80D	+80	1.0			0.42
FLQ80E	+80	1.0			0.60
FLQ80F	+80	0.5			0.60

表 2-3　干式球磨铝粉化学性能指标

牌　号	活性/% (≥)	杂质（质量分数）/%（≤）						
		Fe	Si	Cu	Mn	H₂O	油脂	Cu+Zn
FLQ80A	82	0.6	0.6	0.1	0.01	0.1	3.8	
FLQ56	82	0.6	0.6	0.1	0.01	0.1	3.8	
FLQ45	80	0.6	0.6	0.1	0.01	0.1	3.8	
FLQ355A	94	0.7	0.5			0.08	0.7	0.05

牌　号	活性/% (≥)	杂质(质量分数)/%(≤)						
		Fe	Si	Cu	Mn	H$_2$O	油脂	Cu + Zn
FLQ250	94	0.7	0.5			0.08	0.8	0.05
FLQ224	92	0.8	0.7			0.08	0.9	0.05
FLQ160	90	1.0	0.8			0.08	1.0	0.05
FLQ355B	94	0.7	0.5			0.08	1.0	1.0
FLQ80B	90						3.5	
FLQ63A	88						3.5	
FLQ80C	80						3.5	
FLQ63B	80						3.5	
FLQ80D	85						2.8	
FLQ80E	85						2.8	
FLQ80F	85						3.0	

表 2-4　特细铝粉性能指标

牌　号	粒度分布			活性/% (≥)	其　他	
	目数	筛网孔径/μm	%(≤)			
FLT$_1$	202	+71	5	98.0	d50/μm	29 ± 3
FLT$_2$						24 ± 3
FLT$_3$	317.5	+45	5			13 ± 3
FLT$_4$						≤10

注：执行标准：GJB 1738—1993；杂质含量要求 $w(Fe) \leqslant 0.2\%$，$w(Si) \leqslant 0.2\%$，$w(Cu) \leqslant 0.015\%$，$w(H_2O) \leqslant 0.1\%$。

表 2-5　氮气雾化铝粉性能指标

产品牌号	中位径/μm	振实密度/g·cm^{-3} (≥)	活性铝/% (≥)
FLQT0	40 ± 5	1.6	98.0
FLQT1	29 ± 3	1.6	98.0
FLQT2	24 ± 3	1.6	98.0

产品牌号	中位径/μm	振实密度/g·cm⁻³ (≥)	活性铝/% (≥)
FLQT3	13 ± 2	1.5	98.0
FLQT4	6 ± 1.5	1.4	98.0
FLQT5	2 ± 1	1.4	98.0

注:杂质含量要求:$w(\text{Fe}) \leqslant 0.2\%$,$w(\text{Si}) \leqslant 0.2\%$,$w(\text{Cu}) \leqslant 0.015\%$,$w(\text{H}_2\text{O}) \leqslant 0.1\%$。

表2-6 湿式球磨铝粉(铝粉浆)性能指标

项 目		指 标	
		漂浮型	非浮型
105℃挥发物(质量分数)/%	(≤)	35	35
有机溶剂可溶物(质量分数)/%	(≤)	4.0	6.0
筛余物(45μm孔径)(质量分数)/%	(≤)	1.0	1.0
水面遮盖力/m²·g⁻¹	(≥)	1.35	
漂浮力/%	(≥)	65	无
含水量(质量分数)/%	(≤)	0.15	0.15
含铁量(Fe)(以干颜料为基准)(质量分数)/%	(≤)	0.8	0.8
含铅量(Pb)(以干颜料为基准)(质量分数)/%	(≤)	0.03	0.03
制漆外观		具有良好的银白色金属光泽及装饰性、平整性	

表2-7 铝镁合金粉性能指标

牌号	粒度分布		活性/% (≤)	$w(\text{Al})$ /%	杂质/%(≤)				
	筛网孔径 /μm	% (≤)			Fe	Si	Cu	Cl	H₂O
FLM₁	+700 +630 -315	0.3 8 8	98.0	50 ± 3	0.4	0.2	0.015	0.02	0.1
FLM₂	+450 +315 -140	0.3 8 8	97.5						

牌 号	粒度分布		活性/% (≤)	$w(Al)$ /%	杂质/%（≤）				
	筛网孔径 /μm	% (≤)			Fe	Si	Cu	Cl	H₂O
FLM₃	+315 +160 −71	0.3 8 22	97.0	50±3	0.5	0.2	0.015	0.02	0.1
FLM₄	+160 +80	0.3 8	96.5						
FLMH₄	+160 +80	0.3 6	90	50±4				0.04	0.2

2.2 颗粒形状

2.2.1 形状指数

2.2.1.1 球形度

球形度（ψ_s）也称真球度，表示粒子接近球体的程度。粒子的球形度越接近于 1，该粒子越接近于球。根据定义可以写出：

$$\psi_s = \pi \times d_v^2 / S \tag{2-1}$$

式中 d_v——颗粒的等体积球当量径；

S——颗粒的表面积。

非球形颗粒的球形度皆小于 1，对于球形颗粒，$\psi_s = 1$。颗粒形状与球形差别愈大，ψ_s值愈低。

2.2.1.2 圆形度

圆形度（ψ_c）表示颗粒的投影与圆的接近程度。可以表示为：

$$\psi_c = \pi \times d_H / L \tag{2-2}$$

式中 d_H——投影圆当量径；

L——颗粒投影面积的周长。

一般情况，$\psi_c < 1$；若颗粒投影为圆形，$\psi_c = 1$。

2.2.1.3 均齐度

均齐度表示颗粒两个外形尺寸的比值,也称比率。分为扁平度 M 和长短度 N,其定义如下:

$$扁平度 M = 短径/厚度$$
$$长短度 N = 长径/短径$$

2.2.2 形状系数

平均粒径为 D,体积为 V_p,表面积为 S 的粒子的各种形状系数包括:

体积形状系数 $\quad\quad\quad \Phi_v = V_p/D^3$

表面积形状系数 $\quad\quad \Phi_s = S/D^2$

比表面积形状系数 $\quad \Phi_{sv} = \Phi_s/\Phi_v$

粒子的比表面积形状系数越接近于 6,该粒子越接近于球体或立方体;不对称粒子的比表面积形状系数大于 6;常见粒子的比表面积形状系数在 6~8 范围内。典型颗粒的形状系数值见表 2-8。

表 2-8 典型颗粒形状系数值

形状类型		Φ_s	Φ_v	Φ_{sv}
规则颗粒	球 形	π	$\pi/6$	6
	立方体(方柱体)	6	6	6
	圆柱体($l=b=h=d$)	$3\pi/2$	$3\pi/2$	6
	圆锥体($l=b=h=d$)	$0.8/\pi$	$0.8/\pi$	9.7
不规则颗粒	浑圆形:雾化金属粉、水中砂子等	2.7~3.4	0.32~0.41	8.34~8.29
	多面体:铝镁合金粉、煤粉、石灰粉等	7.5~3.2	0.2~0.28	12.5~11.43
	薄片状:颜料铝粉、云母粉、石墨粉等	1.6~1.7	0.01~0.03	160~56.7

注:表中 l、b、h 为颗粒体的长、宽、高三轴尺寸,d 为三轴算术平均值。

2.3 粒度分布

2.3.1 粒度

粒度是颗粒在空间范围所占大小的线性尺度,一般用 d 表示,单位常用 mm 或 μm。就单个颗粒而言,球形颗粒的粒度可以用直径来表示,非球形颗粒可按某种规定的线性尺寸来表示,颗粒示意图见图 2-1。粒度的表示方法根据不同的定义,分为投影径、几何学粒径、球当量径和筛分径,详见表 2-9。

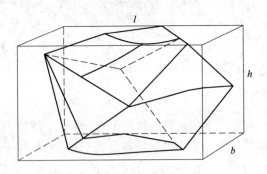

图 2-1 颗粒三维图

表 2-9 不同粒径表示法

名 称	种 类	计算式	物 理 意 义
投影径	短轴径	b	能夹住颗粒的垂直投影像的两根最近平行线间的距离
	长轴径	l	夹住颗粒的垂直投影像的两根与短轴径垂直的平行线间的距离
几何学粒径	二轴平均径	$\dfrac{l+b}{2}$	
	三轴平均径	$\dfrac{l+b+h}{3}$	

名　称	种　类	计算式	物　理　意　义
球当量径	等体积球当量径	$d_{v} = \sqrt[3]{\dfrac{6v}{\pi}}$	指与颗粒同体积的球的直径
	等表面积球当量径	$d_{s} = \sqrt{\dfrac{S}{\pi}}$	指与颗粒等表面积球的直径
	比表面积球当量径	$d_{sv} = \dfrac{6v}{S}$ $= \dfrac{6}{S_{v}} = \dfrac{d_{v}^{3}}{d_{s}^{2}}$	指与颗粒具有相同的表面积对体积之比，既具有相同的体积比表面积的球的直径
筛分径		D	与颗粒同样恰能穿过同一正方形筛孔的球的直径

2.3.2 粒度分布表示方法

松散物料按粒度大小不同分成若干个适当窄的粒度范围，每个粒度范围就叫粒级。粒级常用数字和"＋"、"－"号表示，"＋"表示大于某一尺寸的颗粒，"－"表示小于某一尺寸的颗粒。例如："－160mm＋80mm"表示小于160mm大于80mm的粒级。

粒度分布是指将颗粒群以一定的粒度范围按大小顺序分为若干粒级，各粒级占颗粒群质量分数。通常采用简单的表格、绘图和函数形式表示粒度分布。

粒度分布常用频率分布和累积分布的形式来表示。频率分布表示各个粒径相对应的颗粒百分含量，能比较直观地表示颗粒的组成特性；累积分布表示小于（或大于）某粒径的颗粒占全部颗粒的质量分数。某种粉体的粒度分布见表2-10，根据分析结果，可以绘制该粉体的频率分布曲线和正（负）累积分布曲线，参见图2-2。

表 2-10　某种粉体的粒度分布表

粒级/mm	质量/g	产率/%	正累积产率/%	负累积产率/%
-1.7 +1.18	101.54	43.79	43.79	100.00
-1.18 +0.85	41.81	18.03	61.82	56.21
-0.85 +0.6	29.75	12.83	74.65	38.18
-0.6 +0.425	20.71	8.93	83.58	25.35
-0.425 +0.3	16.28	7.02	90.60	16.42
-0.3 +0.212	8.25	3.56	94.16	9.40
-0.212 +0.15	5.94	2.56	96.72	5.84
-0.15 +0.106	2.18	0.94	97.66	3.28
-0.106 +0.075	1.88	0.81	98.47	2.34
-0.075	3.55	1.53	100.00	1.53
合　计	231.89	100.00		

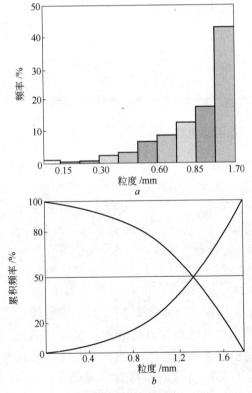

图 2-2　粒度分布曲线

a—频率分布曲线；b—正（负）累积曲线

通过正（负）累积曲线可以判别粉体的粒度特性，负累积曲线呈凸形时，表明细粒级占多数；呈直线或接近直线时，表明粗细的数量大致相同；呈凹形时，表明粗颗粒占多数。

中位径（d_{50}）：用颗粒群的50%能通过的筛孔径来表示，即在负累积曲线上与累积产率50%对应的粒度尺寸。

最大径（d_{95}）：我国选矿工艺中规定用物料的95%能通过的方筛孔宽度表示该物料的最大直径，即在负累积曲线上与累积产率95%对应的粒度尺寸。

2.4 密度

密度是物质的质量和其体积的比值，即单位体积物质的质量，叫做这种物质的密度，其数学表达式为 $\rho = m/V$。在国际单位制中，质量的主单位是 kg，体积的主单位是 m^3，于是取 $1 m^3$ 物质的质量作为物质密度的单位。对于非均匀物质则称为"平均密度"。地球的平均密度为 $5.5 \times 10^3 kg/m^3$，标准状况下干燥空气的平均密度为 $1.293 kg/m^3$。

固体材料的密度分为表观密度和真密度两大类。

表观密度是指材料在自然状态下，单位体积的质量。对颗粒物质而言，又分为松装密度和振实密度。

真密度（true density）ρ_s 是指粉体质量（W）除以不包括颗粒内外空隙的体积（真体积 V_t）而得到的密度，即颗粒组成物质的密度。

松装密度 ρ_b，又称容积密度，指在一定填充状态下，包括颗粒间全部空隙在内的整个填充层单位体积中的颗粒质量。

振实密度（tap density）ρ_{bt}，指颗粒在自然填充状态下，经一定规律振动或轻敲后测得的单位容积的颗粒质量。

三种密度值有以下关系：

$$\rho_s \geqslant \rho_{bt} \geqslant \rho_b$$

粉末的松装密度和振实密度与粉末颗粒的形状、粒度组成以及流动性有关。常见轻金属粉末的松装密度如表2-11所示。

表 2-11 常见轻金属粉末的松装密度

名　称	颗粒形状	松装密度/g·cm^{-3}
涂料用铝粉	薄片状	0.20 ~ 0.25
易燃细铝粉	薄饼状	0.31 ~ 0.53
铝镁合金粉	多面体	0.90 ~ 1.00
4 号镁粉	菱　形	0.45 ~ 0.50
原镁粉	菱形、钩条状	0.42 ~ 0.51
雾化铝粉	准球形	0.95 ~ 1.05

以雾化铝粉为例，可以看出三种密度值的大小关系。金属铝的密度 $\rho_s = 2.7 \mathrm{g/cm}^3$；经过雾化加工后，铝粉的振实密度 $\rho_{bt} = 1.4 \sim 1.6 \mathrm{g/cm}^3$；铝粉的松装密度 $\rho_b = 0.95 \sim 1.05 \mathrm{g/cm}^3$。

2.5 盖水面积

盖水面积也称为水面遮盖力，是指单位质量铝粉的水面遮盖能力，单位为 m^2/g。盖水面积是特定铝粉的一项特殊性能指标，是颜料铝粉遮盖特性的表征，它与粉末的比表面积以及粒度形状有关。片状铝粉分散到载体后，具有与底材平行的特点，铝粉的大小粒子相互填补形成连续的金属膜，遮盖了底材，可反射涂膜外的光线，这就是片状铝粉特有的遮盖力。这里为了更清楚地了解盖水面积的概念，先介绍一下比表面积的概念。

粉末比表面积的表达方式有两种，体积比表面积 S_V 和质量比表面积 S_W。S_V 是单位体积粉末所具有的总的表面积；S_W 是单位质量粉末所具有的总的表面积，也直接称为比表面积。二者的关系为：

$$S_V = \rho S_W \tag{2-3}$$

式中　ρ——颗粒的真密度。

对同物质的粉体，在颗粒形状和表面几何特征相近的条件下，比表面积 S_V 或 S_W 是表征粉体颗粒群粗细的一种单值量度。例如直径为 1cm 的颗粒，破碎成 $1\mu\mathrm{m}$ 的颗粒群时，其表面积增加约 1 万倍，所以粉体的比表面可以从另一角度描述颗粒群粒度的大小（粗细），它比平均粒径能更确切地表征粉体的有关特性。尤其在吸附与催化剂等方面的应用，比表面才是其真正需要的性质。粉体比表面的测定方法主要有吸附法和流体透过法两种。

盖水面积是为了检测颜料铝粉的涂附能力而设定的检测指标，颜料铝粉的盖水面积通常可达到 $1.0m^2/g$ 以上。球磨法生产的铝粉粒度形状均为薄片状，其径厚比为 40～200，其厚度相对于直径可以忽略。球磨铝粉的盖水面积，可以近似地认为是其质量比表面积的1/2。在盖水面积测定前，要对铝粉进行疏水性的改性处理，使其能浮于水面之上，然后才能进行试验测量。

2.6 附着率（漂浮力）

附着率是颜料铝粉漂浮性能的反映，是衡量颜料铝粉的重要指标之一。颜料铝粉在磨制过程中加入脂肪酸改性后，脂肪酸的包附膜减轻了铝鳞片的自重，表面变成疏油型，在油性涂料载体内不被浸润。当载体溶剂挥发时，其分子向载体表面运动，其动能带动铝粉向载体表面上浮。当铝粉运动到载体与空气的界面时，气-固、固-液间界面张力的合力使铝粉停留在载体表面。随着溶剂的蒸发和树脂稠化，铝粉被固着在载体表面，形成金属膜。

附着率与铝粉所用添加剂的性能关系密切，与铝粉的粒度形状和加工工艺有关，后面的章节将做详细介绍。

2.7 化学性能

铝粉的化学性能包括活性、发气量、油脂（溶剂）含量、铝含量、水含量、杂质含量等。活性是指粉末中未被氧化的金属含量，与铝粉的加工方式和氧化时间有关；发气量是加气混凝土用铝粉的特定指标，是指铝粉颗粒在混凝土料浆中反应放出氢气随时间变化的体积指标；油脂含量是指铝粉表面包覆的有机物的含量，包括挥发性溶剂和不挥发性油脂；铝含量是指铝粉中铝元素的质量分数，与原材料的纯度、添加剂的加入量有关；水含量是指铝粉中的水分含量，是铝粉的一项安全指标，水分含量过高会使铝粉结团，甚至氧化发热造成自燃；其他杂质含量是指铝粉中铜、铁、硅、锰、铅、锌等金属杂质的含量，与原材料的纯度以及加工过程中的金属混入有关。

3 铝粉性能的测量

铝粉性能测量的标准有：铝、镁及其合金粉理化性能测定方法，YS/T 617.1～617.5—2007；铝粉和铝粉浆的抽样和试验方法，美国标准 ASTM D480—88（2003）（Standard Test Methods for Sampling and Testing of Flaked Aluminum Powders and Pastes）。

3.1 铝粉试样的制备

铝粉性能的测量是通过对少量粉末的测量来代表大量粉体的性能状况，这就要求试样制备具有充分的代表性。

3.1.1 取样规则

粉末产品在生产、传送、包装、堆放、运输等过程中，粗、细颗粒往往容易发生离析现象，并且物料的流动性越好，离析现象越严重。如在堆放时，细粒度颗粒集中在中部，粗粒度颗粒集中在周围；振动容器中粗粒趋于表面；传送带中两边和表面的粗料多；料袋、桶中由于卸料采用注入式，边缘处的粗料比例较多等。粉末取样应按国家标准（GB 5314—85）的规定执行，并遵循以下原则：要尽可能在物料移动时取样；多点取样，在不同部位、不同深度取样，每次取样点不少于四个，将各点所取试样混合后作为粗样，取样数目参见表3-1；取样方法要固定，要根据具体情况制定严格的操作规程来规范取样工作。

表 3-1 取样数目参考表

粉末的容器数目	1～5	6～11	12～20	21～35	36～60	61～99	100～149	150～199	200～299
应取样的容器数目	全部	5	6	7	8	9	10	11	12

注：以后每增加100个或不到100个包装容器数目，应增加一个取样容器数目。

3.1.2 试样的缩分

取来粗样后,在测定前应缩分至适当的质量作为实验的样品。缩分方法有:勺取法,即将样品充分混合均匀(一般将试样装到容器中剧烈摇动)后多点取样;锥形四分法,将粗样全部倒到玻璃板上,充分混合后堆成圆锥形用薄板从顶部中心呈"十"字形切开,取对角的两份混合后再进行上述过程,直到取得适量为止。要注意的是料堆必须是规则的圆锥形,两切割平面的交线要与轴重合,如图 3-1 所示;仪器缩分法,如用叉溜式缩分器、盘式缩分器等,如图 3-2 所示。

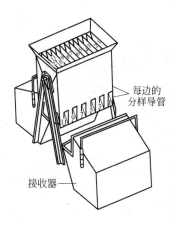

图 3-1　四分法示意图　　　　图 3-2　缩分器示意图

3.2　颗粒形状检测

早期对粉末颗粒形状的检测,是依靠显微镜进行人工观察,如图 3-3 所示。近年来,随着计算机技术的发展以及 Fourier 级数法和分数谐函数表征颗粒形状的研究不断深入,颗粒的形状分析采用图像分析技术更加方便。

图像分析是借助图像分析仪定量测定颗粒形状的重要方法。常见的图像分析仪由光学显微镜、图像板、摄像机和计算机组成。其测量范围一般为 1 ~ 100μm。粒度、粒形分析仪是具有代表性的测定仪器,如图 3-4 所示。它采用 CCD + 频闪技术测颗粒形状、采用光束扫

图 3-3 显微镜照片

图 3-4 粒度粒形分析仪

描技术测颗粒大小，可测最大粒径为 6mm。图 3-5 为铝粉颗粒形状照片。颗粒图像分析技术需要解决的另一个问题是三维测量。动态颗粒图像采集由于颗粒采集的各向同性，因此可以解决在载玻片上颗粒方位的偏析问题，但是仍然无法解决如片状颗粒厚度问题。厚度测量对于金属颜料、云母、特种石墨都是一个急需解决的实际问题。

图 3-5 铝粉颗粒形状

3.3 粒度分布测定

粒度分布测试的方法很多，具统计有上百种。目前常用的有沉降法、激光法、筛分法、图像法和电阻法五种，另外还有几种在特定行业和领域中常用的测试方法，表 3-2 为粒度的测定方法与适用范围。可采用多种方法测量铝粉的粒度分布，下面重点介绍筛分析法、沉降法、激光法。

3.3.1 筛分析法

对于大于 $40\mu m$ 的颗粒，通常采用标准筛进行测量，这种方法称为筛分析法。筛分析法常用泰勒制标准筛，其孔径大小用"目"来表示。以 1in（25.4mm）筛网长度上筛孔的数目称为网目，简称"目"（mesh）。例如 100 目的筛子表示每英寸筛网上有 100 个筛孔。泰勒标准筛的目数与对应的孔径如表 3-3 所示。

表 3-2　粒度的测定方法与适用范围

测定方法	粒径/μm	测定方法	粒径/μm
光学显微镜	0.5~100	库尔特计数法	1~600
电子显微镜	0.01~10	气体透过法	1~100
筛分法	40~10000	氮气吸附法	0.03~1
沉降法	0.5~200	激光法	0.5~1000

表 3-3　泰勒标准筛

目　数	in	μm	目　数	in	μm
3	0.263	6680	35	0.0164	417
4	0.185	4699	48	0.0116	295
6	0.131	3327	65	0.0082	208
8	0.093	2362	100	0.0058	147
10	0.065	1651	150	0.0041	104
14	0.046	1168	200	0.0029	74
20	0.0328	833	270	0.0021	53
28	0.0232	589	400	0.0015	38

　　用标准筛测粒度分布时，将一套标准筛按筛孔上大下小的顺序叠在一起，图 3-6 为标准振动筛。将称量后的颗粒样品放在最上面的筛子上，整套筛子用振荡器振动筛分，不同粒级的颗粒被截留于各层筛网上。分别称取各层筛网上的颗粒量，即可得到样品的粒度分布数据。筛分分析法分为机械振动筛分法、风力手动筛分法、乙醇筛洗法。

图 3-6　标准振动筛

3.3.1.1　机械振动筛分法

机械振动筛分法适用于测定不含（油脂）润滑剂，粒度全部或大部分大于 $56\mu m$ 的粒状铝、镁及其合金粉末的粒度分布。

将选好的试验套筛，按照筛网孔（尺寸）的大小，依次放在试验筛筛底。称量试样 50.00g，置于最上层筛网上，盖好压盖，紧固在振打仪上。启动振打仪，用秒表计时。筛分振打时间规定：军用产品不少于 30min；民用产品不少于 15min。停止振打仪，依次卸下试验筛，用软毛刷从称量盘小心收集各层筛网上的粉末，分别称量并记录。将各层筛网粉末质量相加，检查和分析筛分结果。各层筛网的粉末质量损耗小于 1%，分析结果有效，否则无效，应重复操作。

3.3.1.2　风力手动筛分法

风力手动筛分法适用于测定可含有少量（油脂）润滑剂，粒度全部或大部分大于 $56\mu m$ 的片状铝粉的粒度分布。

将选定的试验筛按照筛网孔尺寸的不同，依次落在风箱的接口上。称量试样 5.00g，置于上层试验筛网上。启动风机，用软毛刷轻轻地刷拭筛网上的试样，借助风力将筛下物抽走。当筛网上试样恒定不变时，停止刷拭筛网并关闭风机。轻轻卸下上层试验筛，用软毛刷在称量盘小心地收集筛网上试样，分别称量其质量并记录。重复上两步操作，至最低层筛分级完成为止。

3.3.1.3　乙醇筛分法

乙醇筛分法适用于测定可含有少量（油脂）润滑剂，粒度全部或大部分小于56μm的片状铝粉的粒度分布。

根据产品的要求选定试验（套）筛。先将最细的试验筛置于分散皿内。称量试样1.00g置于试验筛网上，加乙醇约50mL，用软毛刷轻轻刷拭冲洗筛网上试样，并反复提起浸入试验筛，使试样完全分散并透过筛网流入分散皿内。再次往筛网上加约50mL乙醇，反复刷拭冲洗筛网上试样，直到筛网中流出的乙醇已清亮为止。将筛分完毕的试验筛置于烘箱内，在80℃下干燥10min，取出置于干燥器中，冷却至室温，称量筛网上试样质量，记为m_1。将筛网上试样（质量）m_1重置于较粗级别试验筛（网）上，重复以上步骤操作；筛（网）上试样质量记为m_2。重复上述操作可分别得到m_3、m_4…m_n。

3.3.1.4　筛分结果的计算

按下式计算筛上、筛下粉末的质量分数：

$$w_{i\pm} = \frac{m_{i\pm}}{M} \times 100\% \tag{3-1}$$

式中　m_{i+}——筛上粉末质量，g；

　　　m_{i-}——筛下粉末质量，g；

　　　w_{i+}——筛上粉末质量分数，%；

　　　w_{i-}——筛下粉末质量分数，%；

　　　M——粉末试样的质量，g。

参见表2-10，该表为某种粉体的筛分析及计算结果。

3.3.1.5　铝粉浆筛余物（45μm孔径）的测定

往两个容器中分别装入约一半NY-120溶剂油，往第三个容器中装入约一半丙酮。将试样置于已恒重的试验筛内（筛内带有玻璃棒），手持筛子至第一容器的溶剂油中（不要使溶剂油超过筛子边缘），用玻璃棒慢慢搅动，晃动筛子，以冲洗筛上的试样。继续此操作1min，然后在第二个容器中重复操作约2min。直到试验筛流出的溶剂油中有少量的铝粉时，再移至第三个装有丙酮的容器内重复以上操作2~3min。再用丙酮冲洗筛壁和玻璃棒，放置片刻，使丙酮挥发，将筛子置于105℃烘箱中烘至恒重。注意在丙酮挥发中不能关闭烘箱门，以防丙酮蒸气爆炸或内燃的危险，当筛上残余物明显干燥时关闭烘箱门。

筛余物质量分数 w 可按照下列公式计算：

$$w = \frac{m_1 - m_2}{m_0} \times 100\% \qquad (3\text{-}2)$$

式中　m_0——试样的质量，g；

　　　m_1——试验筛、玻璃棒及筛余物的总质量，g；

　　　m_2——试验筛和玻璃棒的质量，g。

3.3.2　沉降法

沉降法是根据不同粒径的颗粒在液体中的沉降速度不同测量粒度分布的一种方法。它的基本过程是把样品放到某种液体中制成一定浓度的悬浮液，悬浮液中的颗粒在重力或离心力作用下将发生沉降。沉降开始，静置颗粒与介质形成均匀的混合液；颗粒在介质中沉降，其沉降运动开始时为加速运动，并且在很短的时间内变为匀速运动，匀速运动的速度与颗粒的大小有关。因此借助沉降介质的密度、黏度，通过测定颗粒的沉降速度来测定颗粒的直径。但直接测量颗粒的沉降速度是很困难的，在实际应用过程中是通过测量不同时刻透过悬浮液光强的变化率来间接地反映颗粒的沉降速度，三者之间的关系式可用斯托克斯定律和比尔定律描述。离心沉降式粒度分布仪就是用透过混合液的光强来测定颗粒的浓度，通过浓度的变化来确定颗粒的沉降速度，进而计算出样品的粒度分布。图 3-7 是沉降法测定粒度示意图。

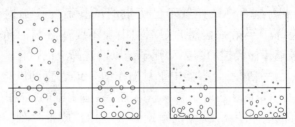

图 3-7　沉降法测定粒度示意图

3.3.2.1 斯托克斯 (Stokes) 定律

在重力场中, 悬浮在液体中的颗粒受重力、浮力和黏滞阻力的作用将发生运动, 其运动方程为:

$$v = \frac{(\rho_s - \rho_f)g}{18\eta}D^2 \tag{3-3}$$

上式就是 Stokes 定律。从 Stokes 定律可以看到, 沉降速度与颗粒直径的平方成正比。如两个粒径比为 1:10 的颗粒, 其沉降速度之比为 1:100, 即细颗粒的沉降速度要慢很多。为了加快细颗粒的沉降速度, 缩短测量时间, 现代沉降仪大都引入离心沉降方式。在离心沉降状态下, 颗粒的沉降速度与粒度的关系如下式描述:

$$v_c = \frac{(\rho_s - \rho_f)\omega^2 r}{18\eta}D^2 \tag{3-4}$$

这就是 Stokes 定律在离心状态下的表达式。由于离心转速都在数百转以上, 离心加速度 $\omega^2 r$ 远远大于重力加速度 g, $v_c \gg v$, 所以在粒径相同的条件下, 离心沉降的测试时间将大大缩短。

3.3.2.2 比尔 (Beer) 定律

当一束光通过盛有悬浮液的测量池时, 一部分光被反射吸收, 仅有一部分光到达光电传感器, 光电传感器可将光强转变为电信号。根据 Lambert-Beer 公式, 透过光强与悬浮液的浓度或颗粒的投影面积有关。

比尔定律中光强的变化率与粒径之间的关系式为:

$$\lg(I_i) = \lg(I_0) - k\int_0^\infty n(D)D^2 dD \tag{3-5}$$

设在 t_1、t_2、t_3、$\cdots t_i$ 时刻测得一系列的光强值 $I_1 < I_2 < I_3 \cdots < I_i$, 这些光强值对应的颗粒粒径为 $D_1 > D_2 > D_3 > \cdots > D_i$, 将这些光强值和粒径值代入上式, 再通过计算机处理就可以得到粒度分布了。

3.3.2.3 沉降法的测量

A 沉降常数的确定

沉降分析粒度时, 需要预先确定颗粒密度、沉降介质的黏度系数和密度等沉降常数。沉降分析中所说的颗粒密度, 对有孔材料, 它指的是有效密度。有效密度是指由固体浸入介质中排开介质的排出量而测定的单位体积的质量。当颗粒致密时，可以应用颗粒材料的真密度。

沉降分析中还要知道沉降介质的密度，它可由密度计直接测量。测量介质黏度系数最简单的办法是用恩格勒黏度计测量。恩格勒黏度计测量得到的数值称恩格勒度，即 20℃ 时，用 200mL 水，流经黏度计小孔所需时间和所测介质在同一温度下使用同样体积（200mL）流经小孔所需时间的比值。把恩格勒度 E_0 代入下面的经验公式，即可求出该介质的黏度系数：

$$\eta = 0.076E_0\left(1 - \frac{1}{3E_0}\right)\rho_0 \tag{3-6}$$

式中　η——黏度系数；

　　　ρ_0——测量温度下介质密度；

　　　E_0——恩格勒度。

B　分散技术

在粒度分析技术中，如何将颗粒分散是个重要问题，这在沉降分析时尤其突出。沉降时，若颗粒是团聚的或颗粒溶解于介质，就会得到错误的结果。但也不能说颗粒越分散就越好，还要看制取颗粒工艺的具体情况。

与颗粒分散有关的因素有：沉降介质、分散剂、分散方法和悬浮液的颗粒浓度。

所谓沉降介质是指用于分散颗粒的流体。它可以是液体，也可以是气体，不过后者不常用，分散性能也不好。因此，这里只讨论液体作为沉降介质的情况。首先，使用的沉降介质应能将样品很好浸润。常把易被水（或油）浸润的物质称为亲水（或油）性物质；把难以被水（或油）浸润的物质称为疏水（或油）性物质。金属一般是亲油的，而玻璃和方解石是亲水的。其次，要求沉降介质与测定的颗粒不发生溶解，也不会使颗粒膨胀。最后，为了不带入外来杂质，应当使用高纯度的沉降介质。例如使用有机介质时，如果样品或介质内有微量的水，会促使颗粒团聚而难以分散，所以样品应注意脱水，即要预先烘干。常用的沉降介质有水、水＋甘油、无水酒精、无水酒精＋

甘油。这里，甘油是增黏剂，以使颗粒在介质中具有适当的沉降速度。除了甘油，也有用植物油、蔗糖浆作增黏剂的。加入增黏剂时，应注意搅拌均匀，并且搅拌时气泡能够逸出。

但很多样品，除非加入分散剂，否则在沉降介质中颗粒不能充分地分散。这是由于颗粒和液体间相互作用所致，添加少量分散剂，可改变颗粒表面与液体间的亲和性。例如，颗粒在水中分散时，很大程度上取决于颗粒表面吸附离子的水合程度，离子水合程度的有亲介质序列是：$Cs > Rb > Li > K > Na > Ba > Br > Ca > Mg$。加入适量的电解质作分散剂，有助于水合作用，即颗粒表面吸附电解质的正离子或负离子，使颗粒间互相排斥，当排斥力大于颗粒间的范氏引力时，颗粒保持良好的分散状态。常用的分散剂有六偏磷酸钠、焦磷酸钠、氨水、水玻璃、氯化钠等。分散剂的质量分数为 $0.005\% \sim 0.05\%$。

颗粒物质容易团聚，特别是细粉。团聚颗粒，即团粒含有两个以上的颗粒。每个团粒具有不同程度的结合强度，要把它分离为各个单个颗粒就必须施加外力。除了分散介质（沉降介质和分散剂）的分散作用（即浸润毛细管力尖劈作用表面活化），还必须辅以其他分散技术，如：简单的摇动和搅拌，悬浮液在真空中脱气或煮沸，用球磨机或研钵将悬浮液研磨，超声分散。在实际工作中，常常将上述分散方法结合起来使用。

选择合适的悬浮液浓度，也是颗粒分散的一个重要因素。实际配制悬浮液时，颗粒浓度不宜太高，如对光透过法，质量分数一般以 $0.02\% \sim 0.1\%$ 为好，其他沉降方法的质量分数约在 $0.1\% \sim 3\%$ 范围内。为了判断各种分散技术的分散效果和各个分散因素的影响，有必要进行分散性试验，试验方法有：显微镜观察，这是确定分散程度的最简单办法；流变试验，如流变行为是牛顿型的，即分散良好，否则分散不良；测量沉降颗粒体积，沉降体积越小，分散越好。

C 测试方式的选择

沉降式粒度仪大多都是重力沉降和离心沉降结合的仪器，即具有重力沉降、离心沉降、重力和离心组合沉降三种方式。

重力沉降方式是整个测试过程都在重力作用下进行，无离心作用。测试下限一般为粒径 $3\mu m$，小于 $3\mu m$ 时不仅测量时间很长，而且布朗运动的影响明显，使测量结果的误差较大。

离心沉降方式是用来测量超细铝粉样品的，以水为介质时，测量粒径范围在 $8 \sim 0.1 \mu m$ 之间，圆盘离心粒度仪的测试下限甚至可以达到粒径 $0.04 \mu m$。

组合沉降方式是上述两种方式的结合，它的基本过程是在测量开始时用重力沉降方式，此时测量样品中较粗的颗粒。当重力沉降达到一定条件时，开始启动离心机，用离心方式测量样品中较细颗粒。这样，不仅扩大了沉降式粒度仪的量程，减少了一些不利因素对测量的影响，还缩短了测试时间。因此，这种方式是沉降式粒度仪中应用最多的一种方式。

一般情况，密度较大的金属粉或粒径 $10 \mu m$ 以下的细粉含量很少的样品，选用重力方式；粒径 $2 \mu m$ 以下含量在90%左右的非金属粉，用纯离心方式；小于 $74 \mu m$ 的粉一般用组合方式。

D　最大粒径的测定

最大粒径是指在被测悬浮液中，最早使悬浮液浓度发生变化从而使沉降曲线显著升高的颗粒直径。离心沉降式粒度仪能够根据重力沉降的临界直径和沉降曲线的变化，通过系统自动测定最大粒径。

E　粒径区间的设定

粒度分布是指不同粒径颗粒占总量的百分比。沉降式粒度仪需要人为地设定粒径区间。粒径区间的设定原则：要满足分析需要，对生产和使用中非常关心的粒径区间不能省略，如某样品需测出 $10 \mu m$、$5 \mu m$、$2 \mu m$、$1 \mu m$ 等粒径所占的百分数，这些数值就必须设定在粒级之中；同一规格样品粒级区间的设定要一致；在满足需要的前提下，粗粒端粒径区间的间隔要宽，细粒端的粒径间隔要窄；粒级最大值应不小于系统测定的最大粒径。

粒径区间的设定方法很灵活，比较先进的系统中往往提供几种模式供选择，通常有以下几种：

（1）固定间隔，系统设定十种以上的粒级间隔，用户可选择其中的任意一种；

（2）任意间隔，每个粒径值从大到小都一一设定，可以得到任意粒径对应的数值；

（3）等差间隔，所有粒径区间的大小等于一个固定的差值；

（4）等比间隔，相邻两个粒级之比等于一个固定的比值。

F　对测量结果的处理

测量结束后，对测量结果的处理通常有打印、保存、查询、比较、合并、删除等，一些系统还可以将测试结果转化为 Word 文档格式或 Excel 格式等，以满足不同用户的需要。图 3-8 是 BT1500 离心沉降式粒度仪工作示意图。

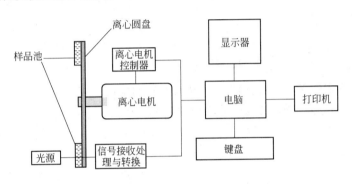

图 3-8　BT1500 离心沉降式粒度仪工作示意图

3.3.3　激光法测定粒度分布

激光法是近 20 年发展的颗粒粒度测量新方法，常见的有激光衍射法和光子相干法。激光粒度仪的测量范围一般为 $0.5 \sim 1000 \mu m$。采用同心多元光电探测器测量不同散射角下的散射光强度，然后根据上述理论计算出粒度分布。此方法的优点是适合在线测量，特别适合对雾滴状颗粒的粒度分布的测量。其缺点是计算十分繁琐，分辨率不如沉降法高。

3.3.3.1　激光法工作原理

激光衍射/散射法测定粉体粒度分布的装置主要包含激光粒度分析仪（主机）和计算机两个部分，其中激光粒度分析仪包括光学系统、样品分析系统、信号采集系统；计算机用于完成数据处理并显示打印测试结果。

激光法是根据激光照射到颗粒后，颗粒能使激光产生衍射或散射的现象来测试粒度分布的。激光器发生的激光，经扩束后成为一束直径为 10mm 左右的平行光。在没有颗粒的情况下，该平行光通过富氏透镜后汇聚到后焦平面上，如图 3-9 所示。

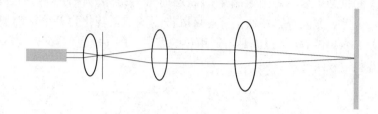

图 3-9　激光法原理示意图

当通过适当的方式将一定量的颗粒均匀地放置到平行光束中时，平行光将发生散射现象。一部分光将与光轴成一定角度向外传播，如图 3-10 所示。

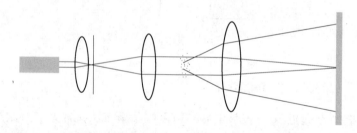

图 3-10　放置颗粒后引发激光散射的示意图

理论和实验都证明：大颗粒引发的散射光的角度小，颗粒越小，散射光与轴之间的角度就越大。这些不同角度的散射光通过富氏透镜后，在焦平面上将形成一系列有不同半径的光环，由这些光环组成的明暗交替的光斑称为 Airy 斑。Airy 斑中包含着丰富粒度信息，简单的理解就是半径大的光环对应着较小的粒径；半径小的光环对应着较大的粒径；不同半径的光环光的强弱，包含该粒径颗粒的数量信息。在焦平面上放置一系列的光电接收器，并将由不同粒径颗粒散射的光信号转换成电信号，传输到计算机中，通过米氏散射理论对这些信号进行数学处理，就可以得到粒度分布。

球形颗粒可直接得到体积分布（或质量分布）；粒状颗粒可得到等效（平均粒径）体积分布；片状颗粒通常可得到等效面积分布。图 3-11 为激光法测量装置示意图。

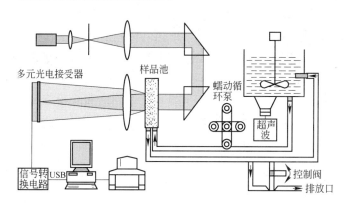

图 3-11 激光衍射/散射法测定粒度分布原理图

激光法常用的液体分散介质有水、乙醇、环己烷或丙酮等。片状铝粉、铝膏或含油脂的粒状铝粉，应使用乙醇为分散介质。对于难以分散的特细铝粉应使用去离子水为分散介质，并添加微量的分散剂。常用的液体分散剂有六聚偏磷酸钠、聚磷酸钠、草酸钠、水玻璃或一些非极性的表面活性剂。一些非离子型的尤其是聚醚类表面活性剂，通常大多具有起泡性能，不宜使用，否则会导致测试结果失真。添加分散剂的目的是提高颗粒表面的亲水性，稳定颗粒在介质中的悬浮。通常其添加量应占试样的 0.005% ~ 0.05%，介质的 pH 值应控制在 7 ~ 8 范围内。

3.3.3.2 激光法的测量步骤

将所取的具有代表性的试样，进一步混匀、缩分，制成测试样。当有较大颗粒时，要用合适孔径的试验筛去除特大颗粒团；对于片状铝（银浆）膏，可选用合适的分散剂将其制成黏稠的膏状。

检查粒度仪和计算机的各部状态，并确认供电状况是否正常。打开粒度仪和计算机电源，使激光粒度分析仪预热 20min 以上。

清洗样品制备系统。将分散介质充满样品池，启动循环泵，循环冲洗 15 ~ 20s 后由排水管放出，反复多次至清洗干净为止。除去管道中的气泡，然后停止循环。

运行激光粒度分析系统，输入样品名称、编号和来源等有关信息，使系统进入联机状态。单击"测试"菜单的"背景测量"，背景测量累计 10 次后，单击"测试"菜单的"联机测试"系统显示"测试视图"，进入测试状态。

在样品池中加入适量的试样，必要时可加入微量的分散剂。选择合适的超声搅拌时间和搅拌速度，或启动机械搅拌和超声分散系统，使样品充分分散。观察"测试视图"中的能谱曲线与浓度显示，当浓度显示过高或过低时应重复测量操作，至合适为止。

测试完毕后，计算机自动记录并保存测试结果，也可由打印机打印输出分析结果。测试完毕，应及时排出被测样品，将样品池和管道清洗干净。

当对片状铝粉样品连续测量 10 次时，X10、X50 和 X90 对应粒度的重复性应该是：任意粒度分布的中位粒径值 X50 的变异系数应小于 3%；X10 和 X90 的变异系数应不超过 5%。

3.3.4　各种粒度测试方法的优缺点

从前面所述可看到，各种测量技术都会得到不同的结果，因为每种方法是利用颗粒的不同特性变化来测量颗粒粒度。下面讨论当前应用的几种不同测量方法的相对优缺点。

3.3.4.1　激光法

优点：测试范围宽（最好的激光粒度仪的测量范围是 0.04 ~ 2000μm，一般的也能达到 0.1 ~ 300μm），测试速度快（1 ~ 3min/次），自动化程度高，操作简便，重复性和真实性好，可以测试干粉样品，可以测量混合粉、乳浊液和雾滴等。

缺点：不宜测量粒度分布很窄的样品，分辨率相对较低。

3.3.4.2　沉降法

优点：原理直观，分辨率较高，价格及运行成本低。

缺点：测量速度慢，不能处理不同密度的混合物。结果受环境因素（比如温度）和人为因素影响较大。

3.3.4.3　筛分法

优点：成本低，使用容易。

缺点：对小于38μm（400目）的干粉很难测量。测量时间越长，得到的筛上物比例就越小。这是因为颗粒形状不规则，可以通过不断调整方向来穿过筛孔，所以要得到一致的结果，必须使测量次数及操作方法标准化。在测量针状粉末时会得到一些奇怪的结果，比如加工前和加工后的筛余量差不多。

3.3.4.4 显微镜检测法

优点：可以直接观察颗粒的形貌，可以准确地得到球形度、长径比等特殊数据。

缺点：代表性差，操作复杂，速度慢，不宜分析粒度范围宽的样品。

3.4 密度测定

铝粉的真密度即金属铝的密度，通常情况下是固定不变的，而且可以通过资料查找。下面介绍松装密度和振实密度的测定方法。

3.4.1 松装密度测定

铝粉松装密度的测定方法有两种：（斯科特）容量计法和漏斗法。容量计法适用于测定可以借助软毛刷，手动通过2500μm筛网的粒状粉体，例如雾化铝粉、铝镁合金粉、镁粉等；漏斗法适用于测定含有微量润滑剂的铝粉，可以借助软毛刷通过500μm筛网的片状粉末，例如球磨铝粉。

3.4.1.1 容量计法

将待测的粉体试样（约150mL）匀速、连续地撒入漏斗中，用软毛刷轻轻地刷动漏斗筛网上的试样，在40~80s内，使之均匀不断地通过漏斗上的筛网，并沿着斯科特容量计的滑板松散地流入量杯，直到粉末充满并溢出。不移动、不振动也不碰撞量杯，然后轻轻地用钢板尺一次刮净量杯上堆积的粉体，在天平上称出试样和量杯的总质量，准确至0.01g。斯科特容量计见图3-12。

3.4.1.2 漏斗法

将待测的粉体试样约150mL匀速、连续地撒入漏斗式密度计中，用软毛刷轻轻地拂拭漏斗式密度计筛网上的试样，在 1～2min 内，使之均匀不断地通过筛网，并沿着漏斗松散地充满（溢出）量杯。不移动、不振动也不碰撞量杯，然后用钢板尺轻轻的一次刮净量杯上堆积的试样，在天平上称出粉体和量杯的总质量，准确至 0.01g。漏斗式密度计见图 3-13。

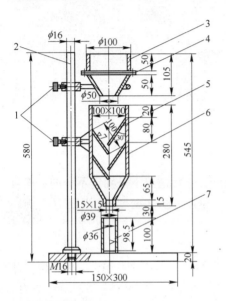

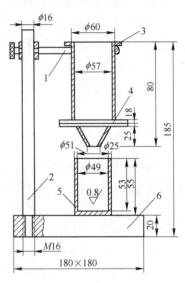

图 3-12　斯科特容量计

1—活动支架；2—固定支架；3—连体黄铜
漏斗；4—黄铜网（网孔为 2500μm）；
5—布料箱滑板；6—布料箱体；
7—黄铜量杯，容积为 (100±0.1)mL

图 3-13　漏斗式密度计

1—活动支架；2—固定支架；3—连体
漏斗；4—铜网，网孔 500μm；5—黄铜
量杯，容积为 (100±0.1)mL；
6—铁架台底座

3.4.1.3　结果计算

测试结果按下式计算：

$$\rho_b = \frac{m_1 - m_0}{V} \tag{3-7}$$

式中　ρ_b——松装密度，g/cm^3；

　　　m_1——粉体和量杯的质量，g；

m_0——量杯的质量，g；

V——自由充填状态粉体的体积
（量杯的容积），cm^3。

3.4.2 振实密度测定

将称量好的粉末装入量筒，将量筒
固定在支座上。转动凸轮，定向杆带动
支座上、下滑动，并撞击在砧座上。每
分钟振动 250 ± 15 次，振动 12 min。测
定量筒内粉末的容积，粉末质量与容积
的比值即为该粉末的振实密度。振实装
置参见图 3-14。

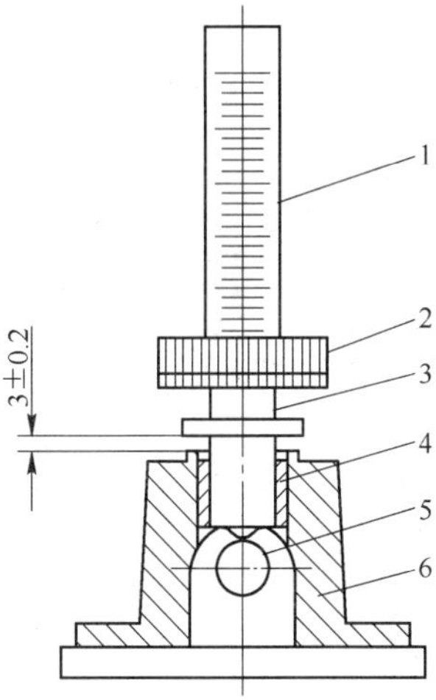

测试结果按下式计算：

$$\rho_{bt} = m_0/V \qquad (3-8)$$

式中 ρ_{bt}——振实密度，g/cm^3；

m_0——粉体的质量，g；

V——振实后粉体的体积（量杯的容积），cm^3。

图 3-14 振实装置示意图
1—量筒；2—支座；3—定向滑杆；
4—导向轴套；5—凸轮；6—砧座

3.5 盖水面积的测定

3.5.1 干磨铝粉盖水面积的测定

盖水面积测定方法，将水槽注满水，调至水平，并将两块（涂
以石蜡）有机玻璃板平放在水槽上。称取铝粉试样 0.05g 撒入两块有
机玻璃板间的水面上，用毛笔刷尖轻轻地点拨、划动试样，使之均
匀、完全分散，同时轻轻地平行移（推、拉）动有机玻璃板，使铝
粉连续、均匀（无孔隙、无堆起和褶皱）地覆盖在水面上。用钢板
尺测量覆盖水面的长度。计算出覆盖面积，除以试样质量，就得到该
铝粉样品的盖水面积。盖水面积测试仪见图 3-15。

3.5.2 铝粉浆水面遮盖力的测定

把铝粉浆经溶剂油洗涤，使其表面疏水，再经真空抽滤后放在标

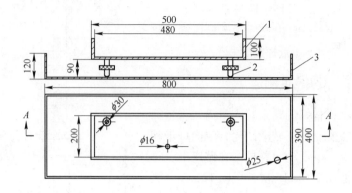

图 3-15   盖水面积测试仪

1—测试水槽；2—（活动）旋扭；3—溢出水收集箱

准仪器中测定。

　　由于铝粉浆的表面特性，在做水面遮盖力的测定前，要对铝粉浆进行表面预处理。称取铝粉浆约 1g，精确至 0.001g。将其置于蒸发皿中，分数次加入 50mL NY-120 溶剂油，并用小毛刷将其进行完全分散。静置 10min，用烧结玻璃过滤坩埚进行抽滤，并抽干。卸脱真空管路，把滤饼用刷子移至蒸发皿中，用 50mL NY-120 溶剂油进行再分散，其中部分 NY-120 溶剂油用来冲洗蒸发皿，并继续用前面的方法过滤。共进行三次抽滤洗涤，在滤饼近干后，再抽吸 30min，取出滤饼放在清洁干燥的大气中，在室温（20℃以上）干燥 2h。将干燥滤饼放在有光纸上，并用干燥刷子进行充分混合。

　　试样预处理结束后，即可按照铝粉盖水面积的测定方法进行测定。

3.6　附着率（漂浮力）的测定

3.6.1　干式球磨铝粉附着率的测定

　　测定温度为 (20±5)℃，称量试样约 1.5g，置于试管中。分数次加入 10mL 古马隆树脂松节油溶液，用回形铝丝搅拌 2min，使铝粉试样均匀地分散在溶液中。将钢片垂直插入试管内，旋转 4~6 转，以

3 ~ 5cm/s 的速度抽出，垂直悬挂于支架上。10min 后，测量钢片上致密（无裸漏、无裂纹）附着铝粉涂料的长度及钢片插入涂料溶液内的长度，并计算出测试结果。

附着率按下式计算：

$$\delta = \frac{L_1}{L_0} \times 100\% \qquad (3-9)$$

式中　δ——附着率，%；

　　　L_1——铝粉涂料致密附着在钢片上的长度，cm；

　　　L_0——钢片插入铝粉涂料溶液内的长度，cm。

3.6.2 湿磨铝粉浆漂浮力的测定

铝粉浆漂浮力的测定与铝粉附着率的测定方法大致相同。仅对实验用漆料的要求不同，铝粉浆的标准要求：把 50g 古马隆树脂溶于 100mL NY-200 溶剂油中，漆料的相对密度 $d_{20} = 0.877 \sim 0.883$。溶液形成是在不超过 90℃ 的温度下慢慢进行的，任何溶剂的损失可按质量为基准补上，冷却后用筛网过滤备用。使用前应保证在室温（20℃）以上静置 24h 没有沉淀。

后续试验按干式球磨铝粉附着率的测定方法进行。

3.7　制漆外观的测定

裁剪 120mm × 50mm × (0.2 ~ 0.3)mm 马口铁板，用 0 号砂布或 200 号砂纸沿纵向往复手工打磨除锈，去掉镀锡层，以 NY-200 溶剂油洗净，擦干备用。称取铝粉浆约 2g，精确至 0.01g。将试样放到研钵内，加入酚醛清漆 3g，NY-200 溶剂油 5mL，均匀研磨达到全部分散。用漆刷快速纵横方向涂刷在马口铁板上，不得有空白或溢流现象，涂刷好的样板在清洁的空气中充分自然干燥。用目视观察涂漆后的样板，以具有良好的银白色金属光泽及装饰性、平整性为好。

3.8　化学性能的测定

3.8.1　活性的测定

活性的测定方法，参见图 3-16 活性测量装置，测量温度为

(20±2)℃。将试料置于称量管
中，移入预先盛有反应介质的反
应瓶中，拧紧胶塞。转动量气管
活塞，使量气管与活塞的排气孔
相通。提升水准瓶，排尽量气管
内的空气。转动量气管活塞，使
量气管与反应瓶相通，放置
10min。将水槽中的冷却水的温度
调至与量气管夹层中水的温度一
致。轻轻摇动锥形瓶，使试料与
氢氧化钠溶液或盐酸反应，将锥
形瓶置于水槽中，每隔10min左
右摇动一次。待反应结束后，取
出锥形瓶，放置10min。每隔
7min左右对一次终点，两次读数
不变，记下此时的气压、温度和
终点读数。

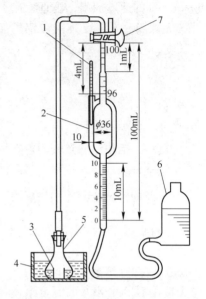

图 3-16   活性测量装置
1—温度计；2—量气管；3—称量管；
4—水槽；5—锥形瓶；6—水准瓶；
7—量气管活塞

分析结果的计算，按式3-10、
式3-11分别计算铝粉中活性铝、
活性铝镁的质量分数：

$$\omega_{活性铝} = \frac{0.000216(P_1 - P_2 - P_3)V}{(273+t)m_0} \times 100\% \quad (3\text{-}10)$$

$$\omega_{活性铝镁} = \frac{K(P_1 - P_2 - P_3)V}{(273+t)m_0} \times 100\% \quad (3\text{-}11)$$

式中　P_1——气压计读数，hPa；

P_2——气压计读数温度订正值，hPa；查气象常用表第二号第
一表《气压读数温度订正表》；

P_3——测定温度时水的饱和蒸汽压，hPa；

V——生成氢气的体积，mL；

t——测量时量气管内的温度，℃；

0.000216——氢换算为活性铝的换算因数；

K——氢换算为活性铝镁的换算因数;

m_0——试料的质量,g。

3.8.2 铝含量的测定

试样用盐酸溶解,在 pH 为 2.5~2.8 的条件下铝及其他金属离子与乙二胺四乙酸二钠络合。在 pH 为 5~6 时,以锌标准溶液滴定过量的乙二胺四乙酸二钠,然后用氟化物置换铝,并释放出定量的乙二胺四乙酸二钠,再用锌标准溶液滴定被释放出的乙二胺四乙酸二钠,借此测定铝含量。

按下式计算铝的质量分数:

$$w = \frac{C \times V \times 0.4127}{m_0} \times 100\% \qquad (3\text{-}12)$$

式中 C——锌标准溶液的质量浓度,g/mL;

m_0——试料的质量,g;

V——消耗锌标准溶液的体积,mL;

0.4127——锌换算为铝的换算因数。

3.8.3 油脂及溶剂含量的测定

3.8.3.1 干磨铝粉添加剂含量的测定

铝粉在磨制过程中要加入部分有机添加剂,这些有机添加剂统称为油脂。铝粉中油脂的多少影响着铝粉的性能,所以油脂含量也是铝粉的一项重要指标。有两种方法测定铝粉中有机添加剂的含量:气体容量法测定硬脂酸含量;洗提质量法测定油脂含量。

气体容量法测定硬脂酸含量,试料于氧气中燃烧,硬脂酸中的碳氧化成二氧化碳,用碱吸收,减少的体积则在定碳仪显示出碳的质量分数,据此测定硬脂酸含量。

洗提质量法测定油脂含量,试料以热丙酮处理,油脂溶解于丙酮中,于 70~75℃水浴中蒸发至干、烘干、恒重、称量,以测定油脂含量。

3.8.3.2 湿磨铝粉浆有机溶剂的测定

A 105℃挥发物的测定

105℃挥发物的测定按国标 GB 5211.3 的规定进行。

B 有机溶剂可溶物的测定

a 漂浮型

原理：样品用盐酸处理，将铝粉溶解，而油状残渣和脂肪物质则用丙酮萃取，然后干燥并称重。

称取铝粉浆约 2g，精确至 0.001g。将试样置于 400mL 烧杯中，加 100mL 热水至试样中，并盖上表面皿。分数次加入盐酸，每次加入后，慢慢加热，使其完全反应，直至所有铝粉都溶解为止。盐酸的加入量应不超过 60mL。将烧杯及物料冷却至室温，并把物料通过已经酸洗且无油脂的滤纸进行过滤。用冷水将烧杯、表面皿及滤纸冲洗干净。让滤纸滴干，并在过滤漏斗中完全干燥。如果需要，将原烧杯徐徐加热至不超过 50℃，摇动烧杯，以便尽可能地把烧杯中的水除去。在漏斗下面放一只已称量的 100mL 烧杯，用温热丙酮冲洗原烧杯及表面皿，并把洗液倒在滤纸上，用温热丙酮冲洗滤纸，至少洗 5次，每次加至约滤纸的一半，最后冲洗漏斗的上部。将烧杯置于水浴上徐徐加热，直至丙酮完全挥发掉。把烧杯置于 (105 ± 2)℃ 烘箱中加热 1h 继续蒸发，然后冷却并称量。

对结果进行计算，计算公式如下：

$$w_B = \frac{m_1}{m_0} \times 100\% \qquad (3-13)$$

式中 w_B——有机溶剂可溶物含量，%；

m_0——试样的质量，g；

m_1——剩余物的质量，g。

b 非浮型

原理：样品分散在溶剂中，将溶剂萃取的物质过滤后，干燥并称重。

称取铝粉浆 2g，精确至 0.001g。将试样置于 250mL 烧杯中，加入 20mL 由 3 份（体积）甲苯与 1 份（体积）丙酮混合而成的溶剂，并不时摇晃烧杯中的物料，使其分散。当完全分散时，再加 10mL 混合溶剂，摇晃烧杯使其完全混匀，然后静止 1h，使铝粉沉降。将上层清液转移至烧结玻璃过滤坩埚中，并过滤到一清洁烧瓶内。当所有液体过滤完毕，再加 30mL 混合溶剂至剩余物的烧杯中，并反复摇晃，使铝粉再分散，将此分散液通过烧结玻璃过滤坩埚进行过滤，用适量的丙酮冲洗烧杯。把烧杯中的滤液转移到一个 250mL 烧杯中，并蒸发至最小量（约 50mL）。将浓缩的滤液转移至已称量的 100mL 烧杯中，并用丙酮洗涤烧杯，洗液也并入到 100mL 烧杯中。将烧杯中的物料蒸发至刚干，再置于（105 ± 2）℃烘箱中，加热 1h，然后冷却并称量。

结果计算同上。

3.8.4 水含量的测定

对于干磨铝粉，用干燥失重法测定水分，此方法适用于铝粉、镁粉、铝镁合金粉中水分等挥发物含量的测定，测定范围不大于 0.30%。不适用于湿法球磨铝粉、铝膏等物质中挥发物含量的测定，湿磨铝粉浆采用气相色谱法测定水含量。

3.8.4.1 干燥失重法测水含量

A 干燥失重法

本方法适用于无包覆层铝粉中水含量的测定。

取约 5g 试样平铺于已称量至恒量的称量瓶中，称量瓶连同试料一起称量，精确至 0.0001g。将已称准的称量瓶和试料置于烘箱中，打开称量瓶盖，于（105 ± 2）℃下烘 3h。打开烘箱，立即将称量瓶盖盖好。取出，置于干燥器中，冷却至室温，称量，恒重。

B 真空干燥失重法

本方法适用于干法磨制有包覆层铝粉中水含量的测定。

取 3～5g 试样平铺于已称量至恒量的称量瓶中，称量瓶连同试料一起称量，精确至 0.0001g。将称量瓶盖打开，置于（50 ± 2）℃的真空烘箱中，密封烘箱，启动真空泵，当箱内真空度达到 800hPa 时，关闭真空烘箱真空阀及真空泵，烘 3h。打开真空烘箱通气阀，当烘箱内真空度为零时，打开箱门，盖好瓶盖，取出称量瓶，冷却至室温，称量，恒重。

C 分析结果计算

按下式计算挥发物的质量分数：

$$w_C = \frac{m_1 - m_2}{m_1 - m_0} \times 100\% \qquad (3\text{-}14)$$

式中　w_C——挥发物的质量分数,%;

　　　m_2——干燥后试料和称量瓶的质量, g;

　　　m_1——干燥前试料和称量瓶的质量, g;

　　　m_0——称量瓶的质量, g。

3.8.4.2　气相色谱法测定含水量

本方法适用于湿磨铝粉浆中水含量的测定。

用抽真空法将 GDX 多孔微球填充于色谱柱内,并安装于色谱仪上。称取 0.15g 水,用无水丙二醇甲醚为溶剂稀释至 100g,混合均匀配制成标准溶液。称取铝粉浆约 5g,置于试管或样品瓶内,采用高速离心机或其他分离方式使样品分离。在选定的色谱条件下,用微量注射器抽取 1μL 标准溶液注入色谱柱,得到水的峰面积。至少应做三次平行试验取其平均值。在同样的色谱条件下,取相同体积的样品上层清液注入色谱柱,得到水的峰面积。至少应做三次平行试验取其平均值。

含水量以质量分数表示,按下式计算:

$$w_H = \frac{A_1}{A_2} \times 0.15\% \qquad (3\text{-}15)$$

式中　w_H——含水量,%;

　　　A_1——样品中水的峰面积, mm^2;

　　　A_2——标准溶液中水的峰面积, mm^2;

　0.15%——标准溶液的水含量。

3.8.5　铜、硅、铁、锰、锌、氯含量测定

3.8.5.1　工作原理

A　铜、硅、铁、锰、锌、氯分析基础

当一束单色平行光通过均匀溶液时,溶液的吸光度与溶液的浓度与液层厚度的乘积成正比,这就是朗伯-比尔定律,可用式 3-16 来表示。

$$A = kcL \qquad\qquad (3\text{-}16)$$

式中　A——溶液的吸光度；

　　　k——系数；

　　　c——溶液浓度；

　　　L——液层厚度。

B　铜、硅、铁、锰、锌、氯分析的化学反应

氯分析的化学反应式为：

$$Cl^- + Ag^+ = AgCl$$

锰分析的化学反应式为：

$$2Mn^{2+} + 5S_2O_8^{2-} + 8H_2O = 2MnO_4^- + 10SO_4^{2-} + 16H^+$$

锌分析的化学反应式为：

$$Zn^{2+} + XO = Zn(XO)^{2+}$$

铜分析的化学反应式为：

$$Cu^{2+} + DDTC = Cu(DDTC)^{2+}$$

铁分析的化学反应式为：

$$Fe^{2+} + 110phen = Fe(110phen)^{2+}$$

硅与钼酸铵反应生成硅钼杂多酸，为较大分子的聚合物。

C　工作曲线

工作曲线是在工作条件下测得的标准曲线，也就是以用标准物质替代样品测得的光密度为横坐标，以标准物质含量为纵坐标绘制出的曲线。

3.8.5.2　分析方法

A　铜分析方法

a　样品处理

铝粉：称取 1.000g 试样，置于 300mL 镍烧杯中，加入 30mL 氢氧化钠溶液，加热。反应完全后，移于预先盛有 50mL 硝酸的 250mL 烧杯中，煮沸，冷却。过滤于 100mL 容量瓶中，稀释至刻度，混匀。

铝镁合金粉：称取 1.000g 试样，置于 200mL 烧杯中，加入 30mL 盐酸，5~7 滴硝酸，待试样溶解完全后，煮沸。过滤于 100mL 容量

瓶中，稀释至刻度，混匀。

b 显色

根据含量不同分取试液，加入 15mL 柠檬酸溶液，15mL 氨水，冷却。加入 5mL 阿拉伯树胶溶液，稀释至刻度，混匀。

c 比色条件

空白：试料空白；比色皿：3cm；波长：460nm。

B 硅分析方法

a 样品处理

铝镁合金锭：称取 0.5000g 试样，置于烧杯中，加入 10mL 过硫酸铵溶液，稍放置，加入 25mL 硫酸，低温加热至溶解完全。加入 10mL 亚硫酸钠溶液，煮沸 1min。过滤于 100mL 容量瓶中，稀释至刻度，混匀。

b 显色

根据含量不同分取试液（铝粉分取铜测定试液）于 100mL 容量瓶中，加入 10mL 钼酸铵溶液，在沸水中煮沸 30s，冷却。加入硫酸 15mL 氨水、草酸铵 10mL（铝粉加硫酸-草酸铵混合液 30mL），稀释至刻度，混匀。

c 比色条件

空白：试料空白；比色皿：1cm；波长：650nm。

C 铁分析方法

称取 0.2g 试样，置于 100mL 烧杯中，加入 5mL 盐酸，加热使溶解完全。加水 40mL，冷却。过滤于 100mL 容量瓶中，加入 5mL 盐酸羟铵溶液、5mL 邻菲罗林溶液。10mL 醋酸钠溶液，放置 10min，稀释至刻度，混匀。

比色条件：空白：试剂空白；比色皿：1cm；波长：510nm。

D 锰分析方法

称取 2.000g 试样，置于烧杯中，加入 60mL 定锰混酸，加热使溶解完全。煮沸、洗涤并稀释，过滤于 200mL 烧杯中，洗涤烧杯、滤纸。加入 5mL 硝酸银溶液、10mL 过硫酸铵溶液，加热至沸后 30s，移于 200mL 容量瓶中，稀释至刻度，混匀。

比色条件：空白：水；比色皿：3cm；波长：520nm。

E 锌分析方法

称取 0.2g 试样，置于烧杯中，加入 10mL 盐酸，溶解完全后加 1 ~2 滴双氧水，煮沸 2min，冷却。移于 150mL 分液漏斗中，加柠檬酸铵溶液 20mL、酚红溶液 1 滴，用氨水中和至红色过量 2 滴，加铜试剂 5mL，分别用四氯化碳 20mL、10mL 萃取 2min。向有机相加盐酸 25mL 萃取 2min，水相过滤于 100mL 容量瓶中，加硫脲-抗坏血酸溶液 1mL、饱和氟化钠溶液 1mL、对硝基酚溶液 1 滴，用氨水、盐酸调至黄色刚好消失。加入 10mL 六次甲基四胺溶液、2mL 二甲酚橙溶液，稀释至刻度，混匀。

比色条件：空白：试剂空白；比色皿：3cm；波长：565nm。

F 氯分析方法

称取试样（镁粉 2.5g、铝镁合金 0.5g）置于烧杯中，加入少量水，缓慢加入硫酸（在镁粉中加 50mL、铝镁合金中加 30mL），溶解完全后，过滤于 100mL 容量瓶中，冷却至室温，加入 3mL 硝酸、2mL 丙酮、2mL 硝酸银溶液，稀释至刻度，混匀。

于 70℃ 水浴中加热 10min，在流水中冷却至室温，在暗处放置 10min。

比色条件：空白：试剂空白；比色皿：3cm；波长：420nm。

3.8.6 铅（Pb）含量测定

按照 GB 9758.1 双硫腙分光光度法的规定进行测定。在 pH 为 8.5 ~9.5 的氨性柠檬酸盐氰化物的还原性介质中，铅与双硫腙形成可被氯仿萃取的淡红色的双硫腙铅螯合物萃取的氯仿混色液，于 510nm 波长下进行光度测量，从而求出铅的含量。

以双硫腙的 1,1,1-三氯乙烷溶液从试液中萃取铅，采用分光光度法检测色漆涂料中铅的含量。该方法选择性好，灵敏度、准确度高，重现性好，具有很好的适用性，可以用于监测色漆涂料中有害重金属铅的含量。

4 铝粉的雾化

雾化是借助于空气、惰性气体、蒸汽、水或旋转圆盘叶片的冲击，使液态金属或合金直接破碎成细小的液滴，经冷凝成为粉末的加工过程。根据加工装置的结构不同，雾化法分为：二流雾化、离心雾化、真空雾化、超声波雾化等。

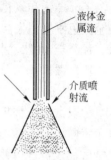

图 4-1 二流雾化法
示意图

二流（熔体流和高速流体介质）雾化法是用高压空气、氮气、氩气或高压水等作喷射介质来击碎金属液体流，如图 4-1 所示。二流雾化法根据使用介质的不同，分为空气雾化法、惰性气体雾化法和水雾化法，空气雾化法和惰性气体雾化法通称为气体雾化法。气体雾化法按喷射流方向的不同，分为垂直雾化法和水平雾化法两种方式，如图 4-2 所示。

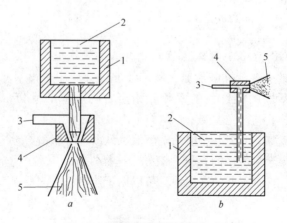

图 4-2 气体雾化法的两种方式

a—垂直雾化；b—水平雾化

1—熔池；2—金属熔液；3—高压气管；4—雾化器；5—雾化粉末

离心雾化法是利用旋转盘或熔体自身（自耗电极和坩埚）旋转的离心力破碎金属液体流的雾化方法，如图4-3所示。

真空雾化法是在真空氛围中雾化金属液流的雾化方法，如图4-4所示。

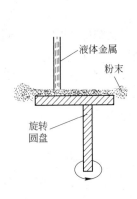

图4-3 离心雾化法

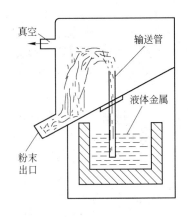

图4-4 真空雾化法

超声波雾化法是利用超声波能量来实现液流的粉碎,如图4-5所示。

雾化方法由于液滴细小和热交换条件好，液滴的冷凝速度一般可达到 $10^2 \sim 10^4 \, \text{K/s}$，冷却速度比铸锭时的冷却速度高几个数量级。因此合金的成分均匀，组织细小，用它制成的合金材料无宏观偏析，性能优异。粉末的特性，如粒度、形状和结晶组织等主要取决于熔体的性能（黏度、表面张力、过热度）和雾化工艺

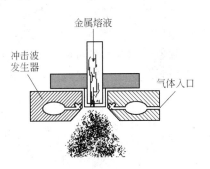

图4-5 超声波雾化法

参数（熔体流直径、喷嘴结构、喷射介质的压力、流速等）。

气体雾化粉末一般近球形，水雾化可制得不规则形状的粉末。由于气体雾化粉末具有球形度高、粉末粒度可控、氧含量低、生产成本低以及适应多种金属粉末的生产等优点，已成为高性能及特种合金粉

末制备技术的主要发展方向。铝粉在工业化生产中，常用空气雾化法和惰性气体雾化法生产，一般采用水平雾化的方式。

4.1 气体雾化法工作原理

　　压缩气体沿切线方向进入雾化器后，通过涡流器导向叶片及环形缝隙旋转喷出。这样在喷嘴与环形缝隙间形成真空，使熔体表面层与内层之间产生相对位移，即形成虹吸现象。铝液沿弯管流向喷嘴口，经喷嘴内的可变截面流出。在高压气流与熔体接触区域内，高压气流把铝液体粉碎成液滴。随液气流截面的增大，颗粒和液滴运动速度逐渐减小，同时液滴冷凝成颗粒，在重力作用下沉降成铝粉。

　　雾化铝粉的过程实际上是用引射和雾化的方法使熔融金属发散的过程。由于高压风经涡流器的卷吸作用，在喷口区域产生真空，靠压力作用使熔融金属进入雾化区。在喷嘴的出口处，熔融金属的射流受到高压气流的作用，压缩、快速流动，靠摩擦力使熔体表层和内层产生相对位移，靠冲击力使熔体粉碎。气体使熔体射速波动，并形成压缩突变，金属射流被进一步加速，此时高压气体从熔体表面带走单独的颗粒或液滴，当熔体射流的振幅达到临界值，并且熔体的射流有可能自由扩散时，随着被气流带走的金属分散流线谱的形成，金属熔体流迅速破坏。随着熔体中的气体从熔体中逸出，金属射流和液滴破坏过程加剧，粉碎后的液滴在沉降器内经重力、表面张力、冷凝等作用下形成粉粒。图4-6是熔融金属雾化时的照片。

图 4-6　熔融金属雾化

4.2 雾化器

雾化器是气体雾化法的关键装置，其结构和性能决定了雾化粉末的性能和生产效率，因此，雾化器的结构设计与性能的不断提高决定着气体雾化技术的进步。由于雾化工艺的不同，雾化器的结构也不尽相同。根据雾化技术的不同，分为自由降落式雾化器和紧密耦合式雾化器，如图4-7所示。

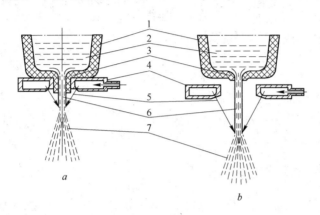

图 4-7 气体雾化制粉示意图
a—紧密耦合式；b—自由降落式
1—保温坩埚；2—金属熔液；3—漏嘴；4—雾化器；
5—射流气体；6—金属液流柱；7—雾化区

在自由降落雾化中，射流气体与金属液相互作用的距离长，由于气体的射流衰减快，能量利用率低，生产的粉末较粗，但是容易实现连续生产。在紧密耦合雾化中，射流气体与金属液相互作用的距离短，能量利用率高，生产的粉末细。在紧密耦合雾化中，金属液漏嘴容易被堵塞，而使雾化中止。由于市场对细铝粉的需求很大，多数雾化工艺采用紧密耦合式。

紧密耦合式雾化器由喷嘴、涡流器、外壳、压盖、导流管等组成，其结构如图4-8所示。雾化器外壳上固定着输送高压气体的管路，管路以正切方向进入压缩风腔，壳体中心有一个安装喷嘴头用的穿通孔；喷嘴头是用"绿泥滑石"或"蛇纹石"制成的。上述两种材料都具有很高的抗液态铝腐蚀能力和化学稳定性，良好的抗热性能，导热系数低，熔化温度高，易于加工等特性。

为了增加金属从喷嘴头的流出速度，喷嘴头的内孔做成拉瓦尔型的可变截面，它逐渐向出口处缩小。压缩气体在雾化器壳体的环状孔内旋转运动后通过涡流器的导向叶片进入环形缝隙中。环形缝隙是由喷嘴头的锥体与压盖的斜面构成，因此可以通过调整压盖的孔径来改变排出气体的环形缝隙尺寸。

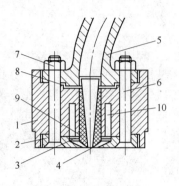

图 4-8　雾化器结构图
1—外壳；2—压盖；3—喷嘴头；
4—涡流器；5—导流管；6—螺栓；
7—螺帽；8—石棉板；9—石棉绳；
10—压缩风腔

4.3　气体雾化工艺理论计算

实验研究表明，在一定的压力下，雾化喷嘴形成的超音速射流流场中布满着激波和膨胀波，这种高动压的气流和低频、有限振幅的压力波动是雾化制粉的动力。依据经验公式和理论分析，可对喷嘴出口附近的流场提供近似的定量描述。根据雾化模拟实验提出的初次雾化模型，铝粉在喷制过程中要经历拉膜、抽丝、破碎成滴三个过程。

输液管端口液膜宽度 t 与铝液流量 M 的关系：

$$t = \left(\frac{\mu M}{20\rho^2 g \pi D} \right)^{\frac{1}{3}} \tag{4-1}$$

式中　t——铝液膜宽度，m；

　　　μ——铝液流黏度，Pa·s；

　　　M——铝液流量，kg/min；

　　　ρ——铝液流密度，kg/m³；

　　　D——输液管直径，m。

随着铝液流量的增大或铝液黏度的增大，铝液膜宽度增加，铝粉的粒度增大。为了得到较细的铝粉，需要对喷嘴的直径加以调整，以控制铝液的流量。以水平雾化工艺为例,在实际操作中,通常采用 5mm 直径的喷嘴来喷制细铝粉,用 8mm 直径的喷嘴喷制粗铝粉。主要工艺参数见表 4-1。

表 4-1 不同喷嘴的工艺参数

参　　数		5mm 喷嘴	8mm 喷嘴
喷嘴平均直径 D/mm		5 ± 0.5	8 ± 1.5
喷嘴平均面积 S/m^2		2×10^{-5}	5×10^{-5}
铝粉生产能力 $P/\mathrm{kg \cdot h^{-1}}$		400	600
铝液加工能力	$Q_1/\mathrm{m}^3 \cdot \mathrm{h}^{-1}$	0.15	0.2
	$Q_2/\mathrm{m}^3 \cdot \mathrm{s}^{-1}$	4×10^{-5}	6×10^{-5}
铝液的平均速度 $v/\mathrm{m \cdot s^{-1}}$		2.0	1.2

铝液破碎成滴后进入二次雾化过程,在气动力的作用下继续粉碎;在表面张力的作用下收缩并趋近于球形。实践表明:铝粉的球形度与铝液的冷却速率有关,液滴的运动速度越快,粉末越细,冷却速率就越高,球形度越好,但速度的影响远小于粒度的影响。例如,当 $d_\mathrm{p} = 40 \mu\mathrm{m}$ 时,$v_0 = 100\mathrm{m/s}$ 的降温速率值,比 $v_0 = 150\mathrm{m/s}$ 的低 17%,比 $v_0 = 50\mathrm{m/s}$ 的高 22%。而当 $v_0 = 100\mathrm{m/s}$ 时,$d_\mathrm{p} = 20 \mu\mathrm{m}$ 的降温速率值,比 $d_\mathrm{p} = 200 \mu\mathrm{m}$ 的高近 40 倍。但当 $d_\mathrm{p} < 15 \mu\mathrm{m}$ 时,其固化时间不超过 $100 \mu\mathrm{s}$,已同雾化时间相近。这说明靠气动力来进一步雾化小于 $15 \mu\mathrm{m}$ 的液滴也比较困难了,因为有可能来不及雾化它们就固化了。

依据雾化原理的分析,为了提高雾化粉的细粉收得率,可提高雾化压力,但也有一定的限度;增加气-液流量比更有效,另外,可适当地提高金属液的过热度,以便降低表面张力和黏度。

铝液的表面张力与温度的关系:

$$\delta = 0.866 - 1.5 \times 10^{-4}(T - 660) \tag{4-2}$$

式中　δ——铝液的表面张力,$\mathrm{N \cdot m^{-1}}$;

T——铝液的热力学温度,K。

铝液的黏度与温度的关系:

$$\mu = 0.1492 \times 10^{-3} \exp(16500/R_0 T) \tag{4-3}$$

当铝液温度超过 825℃后，温度对铝粉粒度的影响变小。液滴与环境气体的热交换分析表明，要提高雾化粉末的冷却速率，可选取导热率高的雾化气体。不同的雾化介质，会有不同的冷却速率。例如，当 $d_p = 40\mu m$ 时，氮气的降温速率值，比氩气的高 42%，而氦气的降温速率值，比氮气的高三倍，这主要是由于它们热导率差别所致。常用气体和金属液的热物理参数见表 4-2。

表 4-2   常用气体和金属液的热物理参数

性　质	气　体			液　态	
	He	Ar	N$_2$	Al	Fe
密度 ρ/kg·m^{-3}	0.1786	1.786	1.251	2.4×10^3	7.1×10^3
质量定压热容 c_p/J·kg^{-1}·K^{-1}	5234	523.4	1034	1289	748
热导率 λ/W·m^{-1}·K^{-1}	0.151	0.0177	0.0261		
黏度 μ/Pa·s	2.5×10^{-5}	3×10^{-5}	1.84×10^{-5}		
普朗特数 Pr	0.866	0.887	0.729		
表面能 σ/J·m^{-2}				0.84	1.788
熔点 T_f/K				933	1812

要提高雾化粉末的冷却速率，可增加气流的动压以便提高液滴的飞行速度。

水平雾化时气体的压力计算：

$$p = H\rho + \frac{\rho v^2}{2g}(1 + \varepsilon_\phi) \qquad (4-4)$$

式中　H——铝液升高的高度，m；

　　　ρ——铝液的密度，kg/m^3；

　　　v——铝液在喷嘴内的运动速度，m/s；

　　　ε_ϕ——铝液在运动过程中所有阻力系数的总和。

由于表面张力总是趋于与气动力达到平衡，又由于固化时间与雾化时间相互制约，因此气体雾化铝粉的粒度只能细到一定的程度。

5 铝粉的研磨

研磨是利用磨机将粗粒级的铝粉进一步粉碎、细磨的过程。磨机是在钢制或陶瓷的筒体中加入粉碎物质和研磨介质（或称研磨体），用外部动力使粉碎物质和研磨介质在筒体中产生相对运动，在研磨、冲击和剪切等作用下将物料粉碎的机械。常用磨机有球磨机、搅拌磨机、振动磨机等。

5.1 研磨理论

铝与一般物料不同，属于塑性金属，又是活泼的碱性金属。研磨工艺生产出的铝粉为鳞片状，其径厚比在 40 以上。它在磨机内的粉碎过程可用图 5-1 表示。

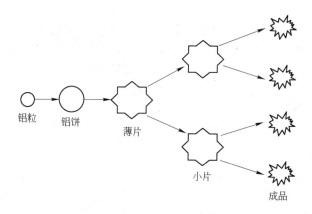

图 5-1 铝粉的粉碎过程简图

铝粉在磨机内的粉碎方式包括冲击、挤压、剪切三种粉碎过程，如图 5-2 所示。

在冲击粉碎时，钢球的动能迅速转变为铝粉颗粒的变形功，产生很大的应力集中而导致铝粉延展或粉碎。由于铝在磨制过程中发生塑

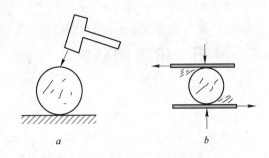

图 5-2　铝粉在磨机内的粉碎方式

a—冲击粉碎；*b*—挤压-剪切粉碎

性变形，铝粉颗粒存在着粒度变大的过程。理论计算的破碎比与实测值相比有一定的差距；研磨和磨削属于剪切粉碎，包括研磨介质对物料的粉碎和物料相互间的摩擦作用。研磨和磨削是靠研磨介质对物料颗粒表面的不断磨蚀而实现粉碎的，因此，研磨介质的物理性质、尺寸、形状及其填充率对粉磨效率具有重要影响。

铝粉的研磨过程就是新生表面增加的过程。铝属于活泼金属，在高温的研磨系统内很难保持稳定，其表面除了油脂包附外，还要形成一层氧化膜（Al_2O_3）。铝的物理特性使其加工成粉所耗的能量远远超过其他非金属矿物，但其研磨工艺仍符合球磨工艺理论。

研究发现：物料粉碎过程中要消耗大量的能量，消耗的能量一部分使物料发生碎裂，使物料的粒度减小；另一部分消耗在粉碎过程的机械损耗；还有一部分变成热能和声能而损耗了。粉碎的目的是使物料的粒度减小，粉碎能量与物料粉碎前后的粒度变化有关。粉碎功耗理论就是研究粉碎能与物料的粒度变化之间的关系，为确定物料的可碎性，合理选择和设计粉碎设备及评价粉碎效率，提供理论依据。下面对最著名的三大粉碎功耗学说做简单介绍。

5.1.1　面积说

面积说也称为 P. R. 雷廷格（Rittinger）学说，是 1867 年由雷廷格提出的。该学说认为，外力破碎物料所做的功，转化为新生表面积的增加，可用下式表达：

$$d_E = r \times d_S \tag{5-1}$$

式中 d_S——破碎物料所生成的新生表面积；

d_E——生成新生表面积 d_S 所做的功；

r——比例系数，即生成单位新生表面积所做的功。

设 D 为待粉碎物料直径，k_1 为由直径求面积的形状系数，k_2 为由直径求体积的形状系数，则 k_1D^2 为表面积，k_2D^3 为体积。设 δ 为物料的密度，则物料的质量为 $\delta k_2 D^3$，因此，粉碎单位质量物料所消耗的功为：

$$dE_1 = \frac{r}{\delta k_2 D^3} \times d(k_1 D^2) = K_1 \frac{1}{D^2} dD \tag{5-2}$$

式中 $$K_1 = \frac{2rk_1}{\delta k_2}$$

设 D_0 为物料粉碎前的直径，D_p 为物料粉碎后的直径，则：

$$E_1 = K_1 \int_{D_p}^{D_0} \frac{1}{D^2} dD = K_1 \left(\frac{1}{D_p} - \frac{1}{D_0} \right) = K_1 \frac{1}{D_0} \left(\frac{D_0}{D_p} - 1 \right) \tag{5-3}$$

由于 D_0/D_p 为破碎比，由上式可知，在破碎比相同时，功耗与物料破碎前的粒度成反比。

5.1.2 体积说

体积说由 В·Л·吉尔皮切夫（КиЛиЧев）在 1874 年和 F·基克（Kick）在 1885 年分别提出的。该学说认为：破碎时外力对物料所做的功，用于使物料发生变形，转变为弹性体的形变能。当形变能储至极限，物料即被粉碎。因而提出：把物料粉碎成几何形状相似的产物所做的功与物料的体积或质量成正比，即：

$$dE_2 = kdV \tag{5-4}$$

式中 dV——破碎体积；

dE_2——破碎体积为 dV 的物料所做的功；

k——比例系数，即破碎单位体积物料所做的功。

按面积说的推导方法，可得：

$$dE_2 = \frac{k}{\delta k_2 D^3} d(k_2 D^3) = K_2 \frac{1}{D} dD \tag{5-5}$$

式中 $K_2 = \frac{3k}{D}$

在给料粒度直径 D_0 和产物直径 D_p 内积分，得：

$$W_2 = K_2 \int_{D_p}^{D_0} (1/D) dD = K_2(\ln D_0 - \ln D_p) = K_2 \ln(D_0/D_p)$$

$$\tag{5-6}$$

上式表明，当破碎比相同时，单位质量的能耗为常数。

5.1.3 裂缝说

裂缝说由 F·C·邦德（Bond）和王仁东在 1952 年提出的，根据一般破碎和磨矿设备做试验得到的资料，整理成下面的经验公式：

$$W = W_i \left(\frac{\sqrt{F} - \sqrt{P}}{\sqrt{F}} \right) \sqrt{\frac{100}{P}} = 10 W_i \left(\frac{1}{\sqrt{P}} - \frac{1}{\sqrt{F}} \right) \tag{5-7}$$

式中 W——将 1t 粒度为 F 的物料粉碎到产品粒度为 P 时所消耗的功，kW·h/t；

$\quad\quad W_i$——功指数，即将"理论上无限大的粒度"的物料粉碎到 80% 可以通过 100μm 筛孔宽度所需的功，kW·h/t；

$\quad\quad F$——给料粒度（80% 的物料通过的筛孔尺寸），μm；

$\quad\quad P$——产品粒度（80% 的产品通过的筛孔尺寸），μm。

邦德解释说：破碎物料时外力做的功首先使物料发生变形，当局部变形超过临界点时，即生成裂纹。裂纹形成之后，储存在物体内的形变能，即使裂口扩展并生成断面，转化为新生表面的表面能。因此破碎物料所需功，应考虑形变能和表面能两项。形变能与体积成正比，表面能与表面积成正比。假定等量考虑这两项，所需的功应当同它们的几何平均值成正比，即：

$$dE_3 = kd \sqrt{VS} = kd \sqrt{k_2 D^3 k_1 D^2}$$

$$= k \sqrt{k_1 k_2} \times \frac{5}{2} D^{3/2} dD \tag{5-8}$$

对于单位质量的物料：

$$dE_3 = \frac{5k}{2\delta}\sqrt{k_1/k_2}\frac{1}{D^{3/2}}dD \tag{5-9}$$

在给料直径 D_0 和产品直径 D_p 内积分，则：

$$E_3 = \frac{5k}{2\delta}\sqrt{k_1/k_2}\int_{D_p}^{D_0}\frac{1}{D^{3/2}}dD$$

$$= \frac{5k}{\delta}\sqrt{k_1/k_2}\left(\frac{1}{\sqrt{D_p}} - \frac{1}{\sqrt{D_0}}\right)$$

$$= 10W_i\left(\frac{1}{D_p} - \frac{1}{D_0}\right) \tag{5-10}$$

式中　　　　　　　　$$10W_i = \frac{5k}{\delta}\sqrt{k_1/k_2}$$

上式与邦德的经验公式 5-7 相一致。

铝粉在研磨过程中，新生表面积增多，表面能是主要的，它的能耗符合 P·R·雷廷格（Rittinger）的面积学说。

5.2 研磨机械的分类

5.2.1 按磨机长度分类

按磨机长度通常分为三类：短磨机、中长磨机、长磨机。

（1）短磨机，长径比在 2 以下的为短磨机，或称球磨机。一般为单仓，用于粗磨或一级磨，也可以将 2 或 3 台球磨机串联使用。

（2）中长磨机，长径比在 3 左右的为中长磨机。

（3）长磨机，长径比在 4 以上的为长磨机或称管磨机。

中长磨机和长磨机，其内部一般分成 2~4 个仓，在水泥厂用得较多。

5.2.2 按磨机内装入的研磨介质形状分类

5.2.2.1 球磨机

球磨机内装入的研磨介质主要是钢球或钢段。这种磨机在铝合金粉加工中使用最普遍。球磨机的外形如图5-3所示。

图 5-3　球磨机

5.2.2.2　棒磨机

棒磨机内装入直径为 50~100mm 的钢棒作为研磨介质。棒磨机的长度与直径之比一般为 1.5~2。

5.2.2.3　棒球磨机

棒球磨机通常具有 2~4 个仓，在第一仓内装入圆柱形钢棒作为研磨介质，以后各仓则装入钢球或钢段。棒球磨机的长径比应在 5 左右为宜，棒仓长度与磨机有效直径之比应在 1.2~1.5 之间，棒长比棒仓短 100mm 左右，以利于钢棒平行排列，防止交叉和乱棒。

5.2.2.4　砾石磨机

砾石磨机内装入的研磨介质为砾石、卵石、瓷球等。用花岗岩、瓷料做衬板。用于白色或彩色水泥以及陶瓷生产。

5.2.3　按传动方式分类

按传动方式可分为以下两类：

（1）中心传动磨机。电动机通过减速机带动磨机卸料端空心轴而驱动磨机回转。减速机的输出轴与磨机的中心线在一条直线上。

（2）边缘传动磨机。电动机通过减速机带动固定在卸料端筒体上的大齿轮而驱动磨机筒体回转。

5.2.4 其他分类

根据工艺操作又可分为干法磨机、湿法磨机、间歇磨机和连续磨机。连续磨机与间歇磨机相比，前者产量高、单位质量产品的电耗少、机械化程度高和所需操作人员少。但基建投资费用大，操作维护较复杂。现在间歇式磨机极少使用，常用作化验室试验磨。

磨机的种类很多，分类方法也较多。在铝粉加工中最常用的是球磨机，搅拌磨和振动磨作为新型的研磨设备正逐步应用到铝粉加工过程中，本章主要介绍这三种磨机。

5.3 球磨机的工作原理

球磨机主要由圆柱形筒体、端盖、轴承和传动大齿圈等部件组成，筒体内装入直径为 $25 \sim 150mm$ 的钢球或钢棒，称为磨介，其装入量为整个筒体有效容积的 $25\% \sim 50\%$。筒体两端有端盖，端盖利用螺钉与筒体端部法兰相连接，端盖的中部有孔，称为中空轴颈，中空轴径支承在轴承上，筒体可以转动。筒体上还固定有大齿轮圈。在驱动系统中，电动机通过联轴器、减速器和小齿轮带动大齿轮圈和筒体，缓缓转动。当筒体转动时，研磨介质随筒壁上升至一定高度，然后呈抛物线落下或泻落而下。由于端盖上有中空轴颈，物料从左方的中空轴径进入筒体，并逐渐向右方扩散移动。在物料自左向右的移动过程中，旋转筒体将钢球带至一定高度落下将物料击碎，而另一部分钢球在筒体成泻落状态对物料有研磨作用，整个移动过程也是物料的粉碎过程。

由于筒体的旋转和磨介的运动，物料逐渐向右方扩散，最后从右方的中空轴颈溢流排出，该类型的球磨机称为溢流型球磨机；另一种球磨机在右端（排料端）安设格子板，格子板由若干块扇形算孔板组成，扇形板上的算孔宽度为 $7 \sim 20mm$，一般以 $7 \sim 8mm$ 为宜，物料可以通过算孔进入格子板与端盖之间的空间内，然后由举板将物料向上提升，物料沿着举板滑落经过锥形块而向右至中空轴颈，再由中空轴颈排出机外；第三种方式是采用风力排料，物料从给料口进入球磨机，随着磨机回转，磨机内磨介（钢球）对物料进行冲击与研磨，物料从磨机的左端（进口）逐渐向右端移动，其移动过程也即物料的破碎和粉磨过程。磨机的出口端与风管相连接，在管路系统中串联着选粉机、旋风分离器、除尘器及风机的进口。当磨细的物料随着磨机的转动成松散状，并随着风力从出料口进入管道系统，由选粉器将粗颗粒分离后再送入球磨机进口，细粉由分离器分离回收，气体由风机排入大气。在铝粉加工中常用风力排料式的干法球磨工艺和间歇式的湿法球磨工艺。

5.4 球磨机的结构

球磨机由于规格、卸料和传动方式等不同而被分成多种类型，但其主要构造大体上是相同的。

球磨机主要由圆柱形筒体、衬板、隔仓板（多仓磨机才具备）、主轴承、进出料装置和传动系统等部分组成。球磨机结构示意图见图5-4。

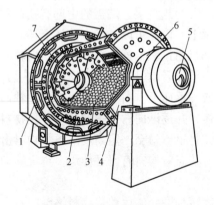

图 5-4 球磨机结构示意图

1—大齿圈；2—筒体；3—钢球；4—端盖；5—给料口；6—轴承；7—衬板

5.4.1 筒体

球磨机的筒体是球磨机的主要工作部件之一。筒体工作时除承受研磨体的静负荷外，还受到研磨体的冲击，且筒体是回转的，所以筒体上产生交变应力。因此，它必须具有足够的强度和刚度。这就要求制造筒体的金属材料的强度要高，塑性要好，具有较好的力学性能和工艺性能才能保证磨机筒体的安全运行。筒体上每个仓都应开设一个磨门（又称人孔）。磨门的作用是镶换衬板、隔衬板，装填或倒出研磨体及停磨检查磨机仓内情况等。

　　球磨机的主轴承最常用的是滑动轴承，其直径很大，但长度很短，轴瓦用巴氏合金浇铸。与一般滑动轴承不同之处在于仅仅下半部有轴瓦，整个轴承除轴瓦用巴氏合金浇铸外，其余都用铸铁制成。由于球磨机的跨度和载荷很大，将发生一定程度的弯曲，而且制造和装配的误差也难以保证准确的同轴度，因此，轴承制成自动调位型，球面瓦座与球面瓦之间以球心为旋转中心能够稍有相对移动，使作用于轴瓦上的载荷分布均匀。主轴承是球磨机的一个关键部件，对于其润滑问题必须充分重视，一般都采用稀油集中循环润滑，小型机也有的采用油杯润滑、油杯滴油或毛线润滑等方式。

5.4.2　衬板

5.4.2.1　衬板的材质和作用

　　衬板是用来保护筒体，使筒体免受研磨体和物料的直接冲击和摩擦，同时也可利用不同形式的衬板来调整研磨体的运动状态，以增强研磨体对物料的粉碎作用，有助于提高磨机的研磨效率，增加产量，降低金属消耗。

　　球磨机的衬板大多数是用金属材料制造的，也有少量用非金属材料制造。筒体衬板除保护筒体外，还对研磨体的运动规律有影响，为适应各种不同工作状态（粉碎或细磨）的要求，衬板的形状和材料也不同。当以粉碎为主时，要求衬板对研磨体的推举能力较强，同时衬板应具有良好的抗冲击性能，高锰钢 ZGMn13 有足够的抗冲击韧性，并且在受到一定冲击时它的表面能够冷却硬化，变得坚硬耐磨，因此，以粉碎为主的磨机筒体衬板大多采用高锰钢制造。当以细磨为主时，衬板的突出就比较小，对研磨体的推举作用就弱，冲击较小，而研磨作用较强，要求衬板具有良好的耐磨性能。国内用于以细磨为主的磨机筒体衬板材料一般为耐磨白铁、冷硬铸铁、中锰稀土球墨铸铁等。

5.4.2.2 衬板的类型

磨机衬板最常见的磨损现象是形成槽沟形。为了避免这种情况，对磨机衬板的表面形状做了各种改进，使研磨体从分布的各种滑槽之中落下来。要使研磨体保持正确的运动轨道，实际上不可能通过改变磨机转速来解决这个问题，而适当地选定磨机衬板的表面形状是解决研磨体运动轨迹的唯一办法。

根据工作表面形状，磨机衬板可分为平衬板、压条衬板、凸棱衬板、波形衬板、阶梯衬板、半球形衬板、小波纹衬板（无螺栓衬板）和端盖衬板。

平衬板，凡表面平整或铸有花纹的衬板都属平衬板，它对研磨体的作用基本上都是依赖衬板与研磨体之间的静摩擦力，对研磨体有一定的提升作用。湿磨时它们之间的摩擦系数是 0.35，干磨时是 0.4。而磨机提升研磨体的动力比摩擦产生的摩擦力要大得多，因此，筒体回转时研磨体不可避免地要出现滑动，降低了研磨体的上升速度和提升高度。正因为有滑动现象，增加了研磨体的研磨作用，所以平衬板适用于以细磨为主的磨机的筒体。

压条衬板，由平衬板与压条组成，压条上有螺栓，通过压条（螺栓）将衬板固定。这种衬板的压条比衬板高，压条侧面对研磨体的推力与平衬板对研磨体的摩擦力使研磨体升得较高，具有较大的冲击能量，所以压条衬板适用于以粉碎（粗磨）为主的磨机的筒体，尤其是对物料粒度大、硬度高的情况更合适。压条衬板的缺点是，带球高度不均匀，压条前侧面的研磨体带得很高，而远离压条的地方的研磨体像在平衬板那样出现局部滑动。当磨机转速较高时，压条前侧的研磨体带得过高，抛落到对面衬板上，不但粉碎作用小，反而加速了衬板与研磨体的磨损。对速度较高的磨机不宜安装压条衬板。压条衬板的主要参数是压条高度和密度。压条的高度不应超过磨机（或本仓）最大钢球的半径。压条的边坡角应在 40° ~ 50° 为宜。两道压条之间的距离等于该磨机（仓）最大球径的 3 倍为最好。

凸棱衬板，是在平衬板上铸成半圆形或梯形的凸棱。凸棱的作用与压条的作用相同。它的刚性大，不易变形，但凸棱一经磨损，必须更换整个衬板，不如压条衬板经济。

波形衬板，使凸棱衬板的凸棱平缓化就形成了波形衬板。这种衬板的带球能力较凸棱衬板差，在一个波节中，上升部分对提升研磨体是很有效的，而下降部分却有些不利的作用。这种衬板适用于棒磨机或棒球磨机的棒仓。

阶梯衬板，衬板表面呈一定倾角，使之与原有的摩擦角合成，安装后成为许多阶梯，可以加大衬板对研磨体的推力。阶梯衬板对同一层钢球的提升高度均匀一致，衬板的表面磨损后其形状改变不明显，能防止研磨体之间的滑动和磨损，阶梯衬板适用于粗磨机及多仓磨机的粉碎仓。

半球形衬板，应用半球形衬板可以完全避免在衬板上产生环状磨损沟槽，能大大降低研磨体及衬板的金属消耗，比表面光滑的衬板可提高产量10%左右。半球体的直径应为该磨仓最大球径的2/3，半球的中心距不大于该磨仓平均球径的2倍，半球应成三角形排列。

小波纹衬板，是一种适合细磨磨机的无螺栓衬板。其波峰和节距都较小。

5.4.3 橡胶衬板

近年来，橡胶衬板应用较广。橡胶衬板的形状一般由橡胶压条和平衬板两部分组成。根据磨机的工作状态（粉碎或细磨）的不同，橡胶衬板的压条也制成不同的形状，以便改变研磨体在磨机筒体内的运动规律（冲击或研磨）。

橡胶衬板有以下优点：

（1）抗磨损。由于橡胶的弹性好，在承受钢球冲击时会变形，使受力较小。对于软物料，橡胶衬板的寿命比锰钢衬板高2～3倍。而物料硬度越高，橡胶衬板的优越性就越显著。

（2）耐磨蚀。钢衬板能被酸性料浆腐蚀，但橡胶衬板对酸性或碱性介质、水、蒸汽等在一定温度下都不敏感，仅油和臭氧（由大功率电动机产生的）对它发生腐蚀。

（3）拆装方便。由于橡胶衬板的质量轻，同规格的橡胶衬板的质量仅是锰钢衬板质量的1/5～1/6，因而拆装方便，安装橡胶衬板的时间只需安装钢衬板的1/3～1/4。更换钢衬板时，常需把钢球全部斜出，而更换橡胶衬板时则没有必要。

（4）维修方便。使用钢衬板时常需要对螺钉进行检查，而更换橡胶衬板时则没有必要。

（5）橡胶衬板较薄，使磨机筒体的有效容积增大，衬板厚度通常仅50mm。

（6）橡胶制的排料格子板的堵塞现象较钢格子板少。

（7）橡胶衬板工作时噪声较少。

橡胶衬板的缺点是：

不耐高温，不适宜用在干法磨机上。

5.5   球磨机工艺参数的确定

5.5.1   筒体转速的计算

球磨机以不同的转速回转时，筒体内的磨介可能出现三种基本运动状态。

第一种情况。由于转速太慢，物料和磨介沿磨机旋转仅升高至40°~50°（在升高期间各层之间也有相对滑动称滑落），当磨介和物料与筒体的摩擦力等于动摩擦力时，磨介和物料就下滑，称为"泻落状态"，如图5-5a所示。此时对物料有研磨作用，但对物料没有冲击作用，因而使粉磨效率差。

第二种情况。由于磨机的转速是适中的，磨介随筒体提升到一定高度后，离开圆形轨道而沿抛物线轨迹呈自由落体下落，称为"抛落状态"，如图5-5b所示。沿抛物线轨迹下落的钢球，对筒体下部的

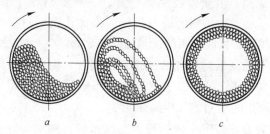

图 5-5   球磨机中球体运动状态示意图

a—泻落状态；*b*—抛落状态；*c*—离心状态

钢球或筒体衬板产生冲击和研磨作用，使物料粉碎。

第三种情况。由于转速太高，离心力使钢球随着筒体一起旋转，整个钢球形成紧贴筒体内壁的一个圆环，称为"离心状态"，如图5-5c所示。此时磨介对物料起不到冲击和研磨作用。

当转速达到一定速度时球体受离心作用，一直紧靠在圆筒壁上，不能跌落，物料就不能粉碎，这种情况下的转速称为临界转速。临界转速 n_c 与圆筒直径 D 有关，其关系式为：

$$n_c = \frac{30}{\sqrt{R}} = \frac{42.3}{\sqrt{D}} \tag{5-11}$$

式中　n_c——磨机临界转速，r/min；

　　　R——磨机的内半径，m；

　　　D——磨机的内直径，m。

从上面的公式可以看出，使钢球离心化所需的临界转速，取决于球心到磨机中心的距离。最外层球距磨机中心最远，使它离心所需的转速最小；最内层球距离磨机中心最近，使它离心所需的转速最大。因此，要使全部球荷离心化，必须达到最内层球离心化所需的转速。但是装入的钢球希望全部能落下磨碎物料，若有一部分（如最外层球）离心化，就会使有用功减少。由此可见，磨机的临界转速，是使最外层球也不会发生离心化的最高转速（r/min）。

磨机的实际转速与临界转速的比值称为转速率（ψ），磨机的转速率可以按钢球落下时具有的最大动能来计算。最适宜的脱离角是使球抛落时具有最大的落下高度，因而落至落回点时具有最大的动能，这时所对应的转速应是最适宜的转速。钢球的运动轨迹参见图5-6。

当磨机以线速度 v 带着钢球升到 A 点时，由于钢球的质量的法向分力和离心力相等，钢球做抛物线状落下，A 点为钢球的脱离点。此时磨机转数为：

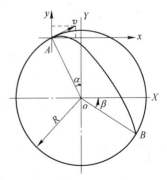

图 5-6　钢球运动轨迹

$$n = \frac{30}{\sqrt{R}} \sqrt{\cos\alpha} \qquad (5\text{-}12)$$

$$R = \frac{900}{n^2}\cos\alpha \qquad (5\text{-}13)$$

钢球上升的最大高度 H 可用下式表示：

$$H = 4.5R\sin^2\alpha\cos\alpha \qquad (5\text{-}14)$$

式 5-14 取导数，并令其为零，就可以求出钢球具有最大落下高度（最大动能）时所具有的最适宜的脱离角度：

$$\frac{\mathrm{d}H}{\mathrm{d}\alpha} = 4.5R\sin\alpha(2\cos^2\alpha - \sin^2\alpha) = 0 \qquad (5\text{-}15)$$

解方程得到：

$$\alpha = 54°45'$$

由图 5-6 可以看出，越接近磨机中心的球层，它的脱离点轨迹和回落点轨迹越靠拢，到磨机中心 o 处汇于一点。因此，最内层球的半径 R_2 必有一个极限值，小于它，球层即无明显的圆周运动和抛物线运动，这个极限值叫做最小球层半径，与其对应的脱离角为最大脱离角。经计算最大脱离角度为：73°44'，最小球层半径为：

$$R_2 = \frac{900}{n^2}\cos73°44' = \frac{250}{n^2} \qquad (5\text{-}16)$$

用最外层球有最大的落下高度来确定转速。若取外层球的半径即为磨机的内半径，由公式 5-12 得到：

$$n = \frac{30}{\sqrt{R}} \sqrt{\cos\alpha} = \frac{30}{\sqrt{R}} \sqrt{\cos54°45'} \approx \frac{22.8}{\sqrt{R}} = \frac{32}{\sqrt{D}} \qquad (5\text{-}17)$$

$$\psi = \frac{n}{n_c} \times 100\% = \left(\frac{32}{\sqrt{D}}\Big/\frac{42.2}{\sqrt{D}}\right)100\% = 76\% \qquad (5\text{-}18)$$

用球荷的回转半径与脱离角的关系来推算。假设全部球荷的质量集中在某一层球，此层球可以代表全部球荷，它的球层半径 R_0 就是全部球荷绕磨机中心做圆周运动的回转半径，根据公式 5-13，有：

$$R_0 = \frac{900}{n^2}\cos\alpha = \frac{900}{n^2}\cos54°45' = \frac{520}{n^2} \qquad (5\text{-}19)$$

$$R_0 = \sqrt{\frac{R_1^2 + R_2^2}{2}}$$

根据 $R_2 = \dfrac{250}{n^2}$ 可以求出：

$$R_1 = \frac{691.6}{n^2}$$

因

$$R_1 = 2D$$

$$n = \frac{26.3}{\sqrt{R_1}} = \frac{37.2}{\sqrt{D}}$$

$$\psi' = \frac{n}{n_c} \times 100\% = \left(\frac{37.2}{\sqrt{D}} \middle/ \frac{42.5}{\sqrt{D}}\right)100\% = 88\%$$

因此，磨机的适宜转速率应在76% ~ 88%范围内。

目前，我国生产的磨机转速率均在此范围内。在生产实际中，按单位产出量考虑，最适宜转速率为80%；按单位能耗考虑，最适宜转速率为70%。发达国家设计的磨机转速率基本处于65% ~ 78%范围内。

5.5.2 装球量的计算

磨机内研磨体填充的容积与磨机有效容积的比例百分数称为研磨体的装球率或填充率（用 φ 表示）。填充率越高，磨机的装球量就会越高。可用下式表示：

$$G = \varphi \times \frac{\pi D^2 L \delta}{4} \qquad (5\text{-}20)$$

式中　G——磨机装球量，t；

　　　φ——填充率，%；

　　　D——磨机内直径，m；

　　　L——磨机内长度，m；

　　　δ——球的堆密度，t/m³。

磨机在泻落式工作时，整个球荷的偏转状态如图5-7所示。Ω 是球荷的横断面所对的圆心角，S 是球荷的

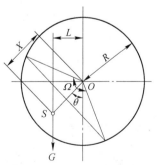

图5-7　磨机泻落式
工作状态

重心，在一定的转速下，转速率（ψ）为定值，球荷偏转一定的角度 θ。球荷的总质量集中在扇形面积的重心 S，重心 S 位于圆心角 Ω 的分角线上，它到圆心的距离为 X。磨机的有用功率至少应为：

$$N = 3.62 \times D^{2.5} L \delta \psi \sin^3 \frac{\Omega}{2} \sin\theta$$

$$(5-21)$$

$$N = 4.62 \times \frac{G}{\varphi} \sqrt{D} \psi \sin^3 \frac{\Omega}{2} \sin\theta$$

$$(5-22)$$

当 D、L、ψ 一定时，θ 也是常数，此时只有 φ 影响 N，而 φ 决定了 Ω 的大小，故只有 $\sin^3 \frac{\Omega}{2}$ 一项影响磨机的有用功率。当 $\Omega = 0°$ 和 360°时，$N = 0$；$\Omega = 180°$ 时，$\sin^3 \frac{\Omega}{2} = 1$，磨机的有用功率达到最大值，此时 $\varphi = 50\%$，因此磨机装球率应控制在 50% 以内。

要提高磨机的产量，应尽可能提高磨机的装载量。但磨机装载量不能无限提高，磨机装载量太高，磨机电机的电流会很高，有可能会烧毁电机或威胁磨机机械设备的安全。磨机研磨体填充率设计多少，应充分考虑磨机机械设备的承受能力以及磨机电机的承受能力。为了提高磨机的产量，一般可采用液体变阻启动器和进相机等设备，降低磨机的启动电流和提高磨机电机的过载能力，从而提高磨机的装载量。在解决了磨机的启动和提高了电机的过载能力后，绝大多数磨机的装载量都可超过设计装载量。一般磨机的设计填充率为 28% 左右，但在加装了液体变阻启动器和进相机设备后，通常都可达到 35% ~ 38%，甚至达到 40% ~ 42%，研磨体装载量大大超过设计装载量，磨机产量也大幅度提高。

5.5.3　钢球尺寸

研磨体尺寸和形状影响着磨机的工作效率。较大粒度的给料需要较大尺寸的研磨体来粉碎，如果选用小的研磨体，则起不到粉碎作用。如果选用过大的研磨体，又会出现过粉碎，浪费磨机的有用功。

选择研磨体的钢球尺寸，应考虑被磨物料的粒度、硬度、易磨性、产品细度、衬板形式等。磨碎产品的粒度越细，磨机筒体直径越大，小球所占比例越大。一般来说，磨机内大球的比例大致与粗物料所占比例相当，小球比例与细物料的比例相当。

计算磨机内钢球的最大球径，在只考虑给料粒度时，可用拉苏莫夫公式计算：

$$d_B = 28 \times \sqrt[3]{F_{100}} \tag{5-23}$$

式中　d_B——磨机内钢球的最大球径，mm；

F_{100}——入磨物料最大粒度，mm。

当考虑给料粒度、物料可磨性和磨机直径时，可用 Bond 公式计算：

$$d_B = \sqrt{\frac{F_{80}}{K}} \sqrt[3]{\frac{0.907 W_i \delta_B}{100 C_s \sqrt{3.28D}}} \times 25.4 \tag{5-24}$$

式中　F_{80}——给料粒度，80%通过的筛网直径，mm；

K——经验系数，查表 5-1；

W_i——Bond 功指数，kW·h/t；

δ_B——钢球的松装密度，为 4.65 t/m³；

C_s——转速率，%；

D——磨机筒体内直径，mm。

表 5-1　经验系数 K 值

磨机形式	K	磨机形式	K
湿式溢流型	350	干式格子型	335
湿式格子型	330		

Bond 功指数 W_i 是指将"理论上无限大"某一种物料的粒度磨到80%可通过 100μm 筛孔（或65%通过200目筛孔）的产品时所需要的功。Bond 功指数需要用实验的方法来测定，它是用直径为 1.83m 溢流型棒磨机在开路条件下，或用直径为 2.29m 球磨机在闭路条件下（返砂量为250%），给料粒度为80%小于 4.76mm（4目），排料

粒度为 80% 通过 100μm 筛孔（约为 0.2mm）的情况下，通过实验得来的。

　　Bond 功指数也可用已知标准物料的功指数（参见表 5-2），通过实验室可磨性对比试验，用 Bond 比较公式计算设计物料的功指数，即在相同条件下磨矿（即在同一磨矿机中，用同一时间，磨碎相同质量的物料），则"标准"物料和设计物料的耗电量相等，可用 Bond 公式 5-25 求未知物料的功指数。根据多年实践，经计算得出铝镁合金粉的 Bond 功指数为 297.4 kW·h/t；干式球磨铝粉的 Bond 功指数在 1000~1300kW·h/t 之间。

$$W_{i设计} = \frac{W_{i标准}(1/\sqrt{P_{标准}} - 1/\sqrt{F_{标准}})}{(1/\sqrt{P_{设计}} - 1/\sqrt{F_{设计}})} \tag{5-25}$$

式中　F——给料粒度（80% 的物料通过的筛孔尺寸），μm；

　　　　P——产品粒度（80% 的产品通过的筛孔尺寸），μm。

表 5-2　已知标准物料的功指数

物　料	密度 /t·m^{-3}	功指数 W_i /kW·h·t^{-1}	物　料	密度 /t·m^{-3}	功指数 W_i /kW·h·t^{-1}
石英砂	2.67	15.5	玻　璃	2.70	13.6
金刚砂	3.48	62.5	石　膏	2.69	7.8
煤	1.40	14.3			

　　功耗法是根据粉磨所需功率设计和计算选择球磨机的国际通用设计方法，其设计计算的基础是 Bond 球磨功指数。Bond 球磨功指数是用标准方法试验获得的，该方法由美国 Allis Chalmens 公司的 F. C. Bond 发明，因此称为 Bond 球磨功指数试验。采用功耗法的设计方法，根据比较简单的 Bond 球磨功指数试验室小型试验结果，即可准确地设计和计算选择大型工业球磨机。Bond 功指数球磨机是进行 Bond 球磨功指数试验的专用设备。Bond 球磨功指数试验可参考日本工业标准 JIS M4002—1976《粉磨功指数试验方法》或建材行业标准 JC/T 734—2005《水泥原料易磨性试验方法》进行试验。

　　试验粉磨功指数按式 5-26 计算：

$$W_{i} = \frac{44.5 \times 1.10}{P^{0.23} G^{0.82} \left(\dfrac{10}{\sqrt{P_{80}}} - \dfrac{10}{\sqrt{F_{80}}} \right)} \qquad (5\text{-}26)$$

式中　W_{i}——粉磨功指数，$kW \cdot h/t$；

　　　P——试验用成品筛的筛孔尺寸，$80\mu m$；

　　　G——试验磨机每转产生的成品量，g/r；

　　　P_{80}——成品80%通过的筛孔尺寸，μm；

　　　F_{80}——入磨试样80%通过的筛孔尺寸，μm。

值得注意的是，决定磨内最大球径和平均球径还要考虑物料水分和物料流动性的影响，如果物料水分太高或者物料流动性太差，那么经常会造成仓磨口附近料位提高，出现饱磨，甚至倒料，磨机产量不高。此时，应提高研磨体的最大球径和平均球径，从而提高物料的流速，可显著提高磨机的产量。

5.5.4　钢球配比

最初装入研磨介质时，钢球直径的配比有以下方法：

（1）按经验公式计算，可用 Bond 理论公式 5-27 计算：

$$R = (d/d_0)^{3.84} \qquad (5\text{-}27)$$

式中　R——小于直径 d 的球荷占总球荷的质量百分比，%；

　　　d——任意球径，mm；

　　　d_0——按 Bond 理论式计算的最大球径，mm。

（2）按给料粒度组成计算配比。

按给料粒度组成计算配比的方法，通常选用 3~5 种不同规格的钢球，各种钢球的配比一般遵循"中间大、两头小"的原则，与物料的粒度分布特性相似，这是一种传统的配球方法，称为多级配球法。

这种方法首要要测定返回料的比例，将球磨机内的全给料进行筛分析，计算给料的粒度组成；然后，从全给料的粒度组成中，扣除不需要继续研磨的粒级，把剩余的给料重新计算百分率，适当分组，每组按公式 5-23 计算最大球径，各种直径钢球的比例与各粒级物料的比例相当；最后，根据装球量和各直径钢球的比例计算出各级钢球的装入量。表5-3 是按给料粒度组成计算配比的实例。

表 5-3　钢球配比计算表

给料粒度 /mm	新给料筛析 质量分数 /%	返回料筛析 质量分数 /%	全给料筛析 累积质量分数/%	扣除小于0.147mm后换算的筛析结果 质量分数 /%	扣除小于0.147mm后换算的筛析结果 累积质量分数/%	钢球筛析 直径 /mm	钢球筛析 质量分数 /%	钢球筛析 累积质量分数/%
12	49.5		12.375	17.90	17.90	100	15	15
10	26.5		6.625	9.50	27.40	80	15	30
8.6	4.0		1.00	1.44	28.84			
6.4	15.0		3.75	5.42	34.26	70	10	40
4.0	5.0		1.25	1.80	36.06			
0.991		20.0	15.00	21.70	57.76	60	15	55
0.47		11.0	8.25	11.90	69.66	50	15	70
0.295		16.7	12.525	17.98	87.64	40	15	85
0.208		9.3	6.975	10.16	97.80	30	15	100
0.147		2.0	1.50	2.20	100.00			
<0.147		41.0	30.75					
合计	100.0	100.0	100.0	100.0				

注：表中返回料比例为300%；全给料筛析的计算方法49.5÷（100+300）×100%＝12.375%；扣除小于0.147mm后换算的筛析结果计算方法12.375÷（100－30.75）×100%＝17.90%。

（3）按每种钢球总面积相等计算配比。

按给料粒度和经验数据选定钢球尺寸，使每种钢球的总面积相等，从而求出每种钢球所占的质量分数（%）。各种锻造钢球的质量和表面积见表5-4。按每种钢球总面积相等计算配比的计算实例见表5-5。

表 5-4　锻造钢球的质量及表面积

钢球直径 /mm	每个钢球质量 /kg	每吨钢球个数 /个	每个钢球表面积 /cm²
12.7	0.0087	11100	5.1
19	0.0287	32900	11.4

钢球直径 /mm	每个钢球质量 /kg	每吨钢球个数 /个	每个钢球表面积 /cm²
22	0.045	20700	15.6
25.4	0.068	13900	20.3
31.8	0.132	7110	31.7
38	0.227	4110	45.6
44.5	0.362	2570	62.1
50.8	0.495	1740	81.1
63.5	1.05	887	127
76	1.82	512	183

表5-5　按每种钢球总面积相等计算配比

钢球直径 /mm	每个钢球质量 /kg	每个钢球表面积 /cm²	单位面积质量 /kg·cm⁻²	配比 /%
12.7	1.06	127	0.0834	19.2
22	1.82	183	0.0995	23.1
31.8	2.9	249	0.1170	26.9
38	4.32	325	0.1330	30.8
总　计			0.4329	100

注：单位面积质量计算，如 $1.06 \div 127 = 0.0834$；配比计算，如 $0.0834 \div 0.4239 \times 100\% = 19.2\%$。

5.6 搅拌球磨机

搅拌球磨机也称搅拌磨或砂磨机，是由美国联合工业公司（Union Process）发明的一种新型的超细粉磨设备。搅拌磨是在球磨机的基础上发展起来的。同普通球磨机相比，搅拌磨采用高转速和高介质充填率及小介质尺寸，获得了极高的功率密度，使细物料研磨时间大大缩短，是超微粉碎机中能量利用率最高，很有发展前途的设备。搅拌磨在加工小于$20\mu m$的物料时效率大大提高，成品的平均粒度最

小可达到数微米。高功率密度
（高转速）搅拌磨机可用于最大
粒度小于微米以下产品，在颜
料、陶瓷、造纸、涂料、化工产
品中已获得了成功应用，其外观
如图5-8所示。

　　搅拌磨的类型很多，按其安
放形式分为立式搅拌磨和卧式搅
拌磨；按结构形式分为盘式搅拌
磨、棒式搅拌磨、螺旋式搅拌
磨、环式搅拌磨等；按工作方式
分为连续式、间歇式和循环式，
如图5-9所示；按工作环境分为
干式搅拌磨和湿式搅拌磨。各种
类型的搅拌磨结构组成大致相
同，主要是由静止不动内装研磨
介质的研磨筒、搅拌装置、传动
装置、循环卸料装置和电控系统等部分构成。

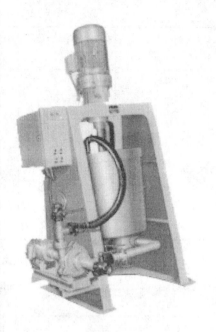

图 5-8　搅拌球磨机外观图

　　搅拌磨在工作中，由电动机通过变速装置带动磨筒内的搅拌器回

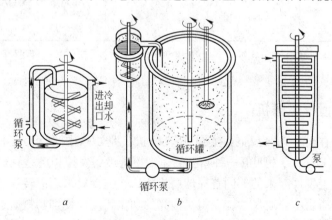

图 5-9　搅拌磨的类型
a—间歇式；b—循环式；c—连续式

转，搅拌器回转时其叶片端部的线速度大约在 3~5m/s 左右，高速搅拌时叶片端部的线速度还要大 4~5 倍。在搅拌器的搅动下，磨介与物料做多维循环运动和自转运动，从而在磨筒内不断地上下、左右相互置换位置产生激烈的运动，由磨介重力以及螺旋回转产生的挤压力对物料进行摩擦、冲击、剪切作用而粉碎。它综合了动量和冲量的作用，因此能够有效地进行超细研磨。

研磨介质一般使用球形，平均直径小于 6mm，用于超细粉碎时，一般小于 1mm。介质大小直接影响粉磨效率和产品细度，直径越大，产品粒径越大，产量越高。为提高粉磨效率，研磨介质的粒径必须大于给料粒度的 10 倍，介质的莫氏硬度最好比被磨物料大 3 倍以上。介质填充率为 50%~80%，磨介粒径大则填充率大，磨介粒径小则填充率小。

目前高功率密度搅拌磨在工业上的大规模应用有处理量小和磨损成本高两大难题。随着高性能耐磨材料的出现，相信这些问题都能得到解决。

5.7 振动球磨机

振动球磨机简称振动磨，是利用研磨介质在做高频振动的筒体内对物料进行冲击、摩擦、剪切等作用而使物料粉碎的研磨设备，其外观见图 5-10。

振动磨按振动特点分为偏旋式和惯性式；按筒体数目分为单筒式、多筒式；按操作方法分为间歇式、连续式。其基本构造主要由筒体、激振器、（空气）弹簧、支架、挠性联轴器和主电机等构成，

图 5-10　振动磨

图 5-11 是单筒间歇式振动磨的基本结构图。振动磨是用弹簧支撑磨机体，由带有偏心块的主轴使其振动，运转时通过介质和物料的启振动，将物料进行粉碎，其工作原理见图 5-12。

振动磨的特点是磨机内介质充填率可高达 80%，较球磨机高，

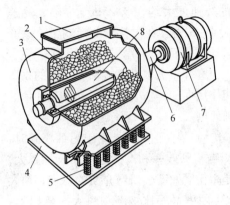 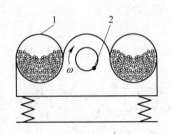

图 5-11 振动磨结构示意图   图 5-12 振动磨工作原理

1—筒盖；2—磨介；3—筒体；4—底座；   1—磨筒；2—偏心激振装置

5—减振弹簧；6—挠性联轴器；

7—电动机；8—惯性振动器

介质的冲击次数也较球磨机多，单位时间内的作用次数高（冲击次数为球磨机的 4~5 倍），因而其效率比普通球磨机高 10~20 倍，而能耗比普通球磨机低数倍。通过调节振动的振幅、振动频率、介质类型，振动磨产品的平均粒径可达 2~3μm 以下，对于脆性较大的物质可比较容易地得到亚微米级产品。近年来通过实践，振动磨日益受到重视，原因就是振动磨对某些物料产品粒度可达到亚微米级，同时有较强的机械化学效应，且设备结构简单，能耗较低，磨粉效率高，易于工业规模生产。

振动磨的缺点在于噪声大，对机械零件（弹簧、轴承）的机械强度要求高。

6 铝粉的冲击粉碎

破碎过程是一个非常复杂的物料块（矿石）尺寸变化的过程。目前，广泛应用的机械力破碎方法有：挤压、弯曲、剪切、冲击、研磨和劈裂等。破碎过程与许多因素有关，主要影响因素有：物料的抗力强度、硬度、韧性、形状、尺寸、湿度、密度和均质性等；也包括一些外部因素，例如物料之间在破碎瞬间的相互作用和分布情况等。

6.1 粉碎原理

粉碎过程是不可逆的，也不会自行发生。粉碎过程是物料在外力的作用下，克服了内部质点之间的内聚力相互分离的过程。物料受外力作用出现破坏之前，首先产生弹性变形，这时物料本身并没有被破坏；当应力达到弹性极限时，出现永久变形，进入塑性变形状态；当塑性变形达到极限时，物料才会被粉碎。

铝镁合金（铝、镁各占 50%）属于脆性物料，适合压碎、冲击粉碎。其他铝合金物料属于韧性物料，适合用剪切、快速冲击粉碎。

在冲击粉碎时，粉碎工具或颗粒的动能，迅速转变为物料的变形功，产生很大的应力集中而导致物料粉碎。在冲击开始的瞬间，颗粒内部产生应力波，迅速向四周传播，并在内部缺陷、裂纹和晶粒界面等处产生应力集中，促使颗粒首先沿这些脆弱面破碎。由于是沿内部的微观裂纹或脆弱面破碎而形成的小块，小块的内部裂纹和脆弱面的数目将大为减少，因而强度提高。对于组织不均或有多种成分组成的物料，裂纹将发生在强度最低的成分内部，从而在破碎产品中，强度较高的成分粒度较大，强度较低的粒度较小，产生所谓"选择性破碎"作用。

为了描述粉碎过程原物料粒度的减小程度，引入了破碎比的工艺参数。所谓破碎比，就是原物料粒度与产品粒度的比值。破碎比有三种表达方法：

（1）用物料在粉碎前后的最大粒度的比值计算，即：

$$i = \frac{D_{\max}}{d_{\max}} \tag{6-1}$$

式中 i——破碎比；

$D_{\max}$——粉碎前物料的最大块直径，mm；

$d_{\max}$——粉碎后物料的最大块直径，mm。

设计中常用80%物料通过的筛孔尺寸表示该物料的最大粒级直径。

（2）用粉碎机给料口的有效宽度和排料口宽度的比值来确定，即：

$$i = 0.85B/S \tag{6-2}$$

式中 B——粉碎机的给料口宽度，mm；

S——粉碎机排料口宽度，mm。

（3）用平均粒度来确定，即：

$$i = \frac{D_{平均}}{d_{平均}} \tag{6-3}$$

式中 $D_{平均}$——粉碎前物料的平均直径，mm；

$d_{平均}$——粉碎后物料的平均直径，mm。

6.2 粉碎机械

根据铝合金粉体的物理特性，常选用冲击式粉碎机作为加工机械，主要为锤式破碎机和涡流粉碎机。

6.2.1 锤式破碎机

锤式破碎机适用于破碎各种中硬且磨蚀性弱的物料，如图6-1所示。其物料的抗压强度不超过100MPa，含水率小于15%。被破碎物料为煤、盐、白垩、石膏、砖瓦、石灰石等。还用于破碎纤维结

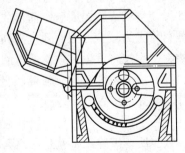

图6-1 锤式破碎机

构、弹性和韧性较强的碎木头、纸张或破碎石棉水泥的废料，以回收石棉纤维等。在铝合金粉体加工中，锤式破碎机常被用于铝镁合金粉的粗碎工序中。

锤式破碎机的主要工作部件为带有锤子（又称锤头）的转子。转子由主轴、圆盘、销轴和锤子组成。电动机带动转子在破碎腔内高速旋转。物料自上部给料口给入机内，受高速运动的锤子的打击、冲击、剪切、研磨作用而粉碎。在转子下部，设有筛板、粉碎物料中小于筛孔尺寸的粒级通过筛板排出，大于筛孔尺寸的粗粒级阻留在筛板上，继续受到锤子的打击和研磨，最后通过筛板排出机外。

锤式破碎机处理量可按下面理论公式计算：

$$Q = 60bLCd\mu mn\delta_0 \tag{6-4}$$

式中　b——筛格的缝隙宽度，m；

L——算条筛格的长度，m；

C——排料算条的缝隙个数，个；

d——排料粒度，m；

μ——充满与排料不均匀系数，一般取 $\mu = 0.015 \sim 0.07$，小型破碎机取小值，大型破碎机取大值；

m——转子圆周方向的锤子排数，一般 $m = 3 \sim 6$；

n——转子转速，r/min；

δ_0——物料松装密度，t/m³。

当破碎中硬物料和破碎比为 $15 \sim 20$ 时，一般采用经验公式计算：

$$Q = (30 \sim 45)DL\delta_0 \tag{6-5}$$

式中　Q——锤式破碎机处理量，t/h；

D——按转子外缘记得转子直径，m；

L——转子长度，m；

δ_0——物料松装密度，t/m³。

6.2.2　涡流粉碎机

涡流粉碎机是近年来开发出的铝粉的粉碎设备，主要以铝屑为原料加工球形铝粉，一般需要制屑机和断屑机配套组成生产线，产品为多面体状的近球形铝粉。涡流粉碎机的外观如图6-2所示。

　　涡流粉碎机由刀盘、转子、端盖、衬板、机座、皮带轮、电机组成。主机采用卧式结构，壳体可以沿中心线打开，便于检修、清理，如图6-3所示。

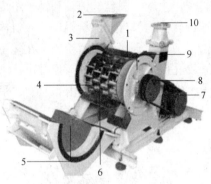

图 6-2　涡流粉碎机

图 6-3　涡流粉碎机内部结构
1—机体；2—入料口；3—左端盖；4—叶片；
5—衬板；6—刀盘；7—电机；8—皮带；
9—右端盖；10—出料口

　　涡流粉碎机是综合利用冲击力、剪切力、叶片产生的超声波涡流及高频振动等作用，将物料粉碎。涡流粉碎机工作时，物料由进料口在负压下被吸入粉碎室，电机带动转子高速旋转，使气流在衬板上产生高速涡流，在叶片与衬板间强大的气流作用下，产生冲击、剪切和研磨，将物料粉碎。造粒腔内粉碎的颗粒在冲击作用下造粒成球形，当颗粒圆度、粒度达到要求时，被气流携带出粉碎机出口，进入集料系统而被收集。涡流粉碎机以水冷作为主要冷却方式，风冷作为辅助冷却方式。衬板、集料系统管路外设有冷却水套，用以降低系统温度；系统为负压状态，由气流将粉碎室热量带走，使粉碎过程中产生的热量不会积聚升温。

7 铝粉的分级

在铝粉生产中，根据铝粉性能、工艺的要求，需要控制铝粉的粒度在某一较窄的范围内。研磨、粉碎工艺制得的铝粉产品粒度分布范围大，不能满足下道工序的工艺要求。为了得到符合工艺要求的铝粉产品，必须对铝粉进行分级操作。

根据不同的工艺要求，把颗粒群按粒度大小进行分选，把粒度范围较宽的粒群分成多个粒度范围较窄的粒群的操作过程称为分级。分级过程按分级机械的不同分为筛分分级和流体动力分级。流体动力分级和筛分分级性质相同，均是将粒度范围宽的粒群分成粒度范围窄的产品。但筛分是比较严格地按几何尺寸分开，而流体动力分级则是按颗粒在流体中的运动速度差进行分级。筛分分级包括干式筛分和湿式筛分；流体动力分级按流体介质的不同分为干式分级、湿式分级；按分级原理的不同又分为惯性式、重力式、离心式、组合式。不同的流体介质和分级原理都有相应的分级设备，具体见表7-1。表中所列分级设备都是粉体加工中的常用设备，在铝粉加工中常用的设备有干（湿）振动筛分机、干（湿）沉降器、旋风分离器、水力旋流器、粗粉分离器、强制涡型分级机等。

表 7-1　分级机实例

分级原理		干 式	湿 式
筛分分级		振动筛	振动筛、弧形筛
流体分级	重力式	沉降器	水力沉降箱
	惯性式	叉流式分级机	摇 床
	离心式	旋风分离器	水力旋流器
	组合式	粗粉分离器 强制涡型分级机	卧式螺旋分级机

7.1　筛分分级

利用多孔的工作面把颗粒大小不等的混合物按其颗粒尺寸大小进行分级的作业称为"筛分分级"，多孔的工作面称为"筛面"，装有筛面用于分级的机械称为"筛机"。筛面上的孔眼称为"筛孔"，筛孔的形状有圆形、方形、长方形和条缝形。国内常用的标准筛孔与泰勒标准筛接近，见表 7-2，泰勒标准筛适用的物料分离粒度为 0.05 ~ 5mm。

表 7-2　泰勒标准筛

目数	1cm 的筛孔数	筛孔大小 /mm	线径 /mm	目数	1cm 的筛孔数	筛孔大小 /mm	线径 /mm
3	1.2	6.680	1.778	35	13	0.417	0.310
4	1.7	4.699	1.651	42	16	0.351	0.254
5	2.0	3.962	1.118	48	19	0.295	0.234
6	2.3	3.327	0.914	60	24	0.246	0.178
7	2.7	2.794	0.853	65	26	0.208	0.183
8	3.0	2.362	0.813	80	34	0.175	0.142
9	3.5	1.981	0.738	100	40	0.147	0.107
10	3.5	1.651	0.689	115	45	0.124	0.097
12	4	1.397	0.711	150	59	0.104	0.066
14		1.168	0.635	170	66	0.088	0.061
16	6	0.991	0.597	200	79	0.074	0.053
20	8	0.833	0.437	250	98	0.061	0.041
24	9	0.701	0.358	270	106	0.053	0.041
28	10	0.589	0.318	325	125	0.043	0.036
32	12	0.495	0.300	400	157	0.038	0.025

物料在筛分过程中小于筛孔尺寸的颗粒将以一定的概率通过筛孔，物料透筛概率的大小与颗粒尺寸有关。颗粒尺寸越小，透筛概率越高，筛分效率就越高。如果所用筛子的筛孔为 $d$mm，每次筛分可以得到两种产品，即：通过筛孔的筛下产品（ $-d$mm）和留在筛面

上的筛上产品（ + $d$mm）。筛下产品中最大颗粒尺寸（a）与筛孔尺寸（d）之间的关系为：

筛孔为圆孔时，$\quad d = (1.3 \sim 1.4) a$

筛孔为方孔时，$\quad d = (1.1 \sim 1.3) a$

筛孔为长条形孔时, $d = (0.7 \sim 0.8) a$

筛分操作可以采用干式筛分，也可以采用加液体介质或浸没在液体中的湿式筛分，采用湿式筛分应控制料浆浓度在40%以内。

在筛分作业中，振动筛是应用最普遍的筛分机械。它是靠偏心块的离心力产生的激振力，使筛体产生不同方向的振动，带动筛面上的物料产生相对运动，达到粒度分级的效果。

振动筛具有以下优点:筛体以低振幅,高频次做强烈振动,消除了物料的堵塞现象,使筛子有较高的筛分效率和生产能力;动力消耗小,构造简单,操作、检修、维护比较方便;因其生产率和效率高,其筛网面积小,节省厂房面积和高度;应用范围广,适用于中、细筛分。

振动筛按照筛盘运动轨迹的不同，分为圆周运动振动筛、直线运动振动筛、旋振筛。圆周运动振动筛包括单轴惯性振动筛、自定中心振动筛、重型振动筛。直线运动振动筛包括直线振动筛和共振筛。下面仅介绍铝合金粉材生产中常用的自定中心振动筛和旋振筛。

7.1.1 自定中心振动筛

自定中心振动筛一般用于干式筛分作业。所谓自定中心，是指筛子工作时，筛箱上传动皮带轮的中心线在空间的位置不变，即筛箱上皮带轮中心线不与筛箱一起振动。根据激振器结构的不同，这种筛子按原理不同分为轴承偏心式和皮带轮偏心式两种类型，按支撑结构的不同又分为挂式自定中心振动筛和座式自定中心振动筛。

7.1.1.1 轴承偏心式自定中心振动筛

轴承偏心式自定中心振动筛的工作原理如图7-1所示。筛箱3用四根弹簧4吊挂在机架或楼板上，该筛子的激振器主轴1是一根偏心轴（偏心距为r）通过轴承2与筛箱连接。偏心轴两端安有不平衡重轮5，重轮上固定有不平衡配重6。工作时，偏心轴和皮带轮均绕

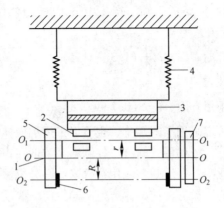

图 7-1   轴承偏心式自定中心振动筛工作原理
1—主轴；2—轴承；3—筛箱；4—弹簧；5—偏重轮；
6—配重；7—皮带轮

$O—O$ 轴线转动，筛箱和不平衡重轮各自产生离心惯性力，两个离心惯性力的方向相反。如果根据筛箱的质量适当地确定不平衡质量，使两个离心力大小相等，偏心轴的偏心距 r 等于筛子的振幅 A，若满足上述条件，就能使筛子在工作时的回转轴线 $O—O$（即皮带轮的中心线）固定不动，使筛箱在垂直平面上做圆形运动。偏重轮 5 的质量应保证它们所产生的离心惯性力能够平衡筛箱旋转时所产生的离心惯性力。使皮带轮中心在空间不发生位移的条件是筛箱旋转（回转半径等于主轴的偏心距）产生的离心惯性力与偏重块所产生的离心惯性力大小相等，方向相反，达到动力平衡，即：

$$pr = 2GR \tag{7-1}$$

式中 p——筛框、筛面和负荷的总质量；

　　　 r——主轴的偏心距；

　　　 G——偏心重块的质量；

　　　 R——偏心重块重心与回转轴线的距离。

此时，筛箱绕轴线 $O—O$ 做圆运动，振幅 $A = r$，而主轴的轴线（即皮带轮的中心线）在空间不发生位移，实现皮带轮"自定中心"，使大小两皮带轮的中心距保持不变，从而消除皮带时松时紧的现象。

7.1.1.2 皮带轮偏心式自定中心振动筛

皮带轮偏心式自定中心振动筛的工作原理如图7-2所示。这种筛子的主轴没有偏心轴颈，不平衡自变量轮（皮带轮）的轴孔与不平衡重轮不同心，具有一定的偏心距，并且轴孔中心处于不平衡重轮轴心的对方。因此，主轴的中心线与不平衡重轮的中心线不在一根轴线上。从图中可见，$O—O$ 为不平衡重轮（皮带轮）的中心线，$O_1—$

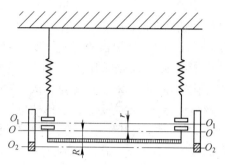

图7-2 皮带轮偏心式自定中心振动筛工作原理

O_1 为主轴的中心线。当筛子工作时，皮带轮绕本身中心线 $O—O$ 回转，穿过筛箱重心的主轴 $O_1—O_1$，也绕 $O—O$ 回转。因此，经与轴承偏心式的原理一样，必须使筛箱和不平衡重块产生大小相等、方向相反的离心惯性力，并且使皮带轮轴孔的偏心距 r 等于筛箱振幅 A。当满足这些条件时，就能达到皮带轮中心线 $O—O$ 在空间的位置不变。比较上述两种形式，皮带轮偏心式的主轴简单。

7.1.1.3 挂式自定中心振动筛

图7-3为挂式自定中心振动筛。该筛子由筛箱1、激振器2和弹簧吊挂装置（包括钢丝绳3、隔振螺旋弹簧4和防摆配重5）三个主要部件构成。弹簧吊挂装置是将筛箱悬吊在筛架上，只要改变对应两

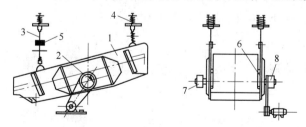

图7-3 挂式自定中心振动筛

1—筛箱；2—激振器；3—钢丝绳；4—螺旋弹簧；5—防摆配重；

6—激振器轴；7—偏心配重轮；8—偏心皮带轮

组钢丝绳的长度，即可调节筛箱的倾角。激振器装设在筛箱中部，它包括轴6（中部有不平衡重量）、偏心配重轮7和偏心皮带轮8，利用滚动轴承将轴装设在筛箱上。偏心皮带轮由电动机通过三角皮带带动。筛子工作时，激振器使筛箱做接近圆形的反时针振动。在筛箱振动时，皮带轮回转中心线的空间位置一般是不变的。吊挂装置是由钢丝绳、隔振螺旋弹簧组和防摆配重构成。它把筛箱悬吊起来，工作时通过钢丝绳和弹簧隔振之后，筛子传到机架上的动负荷就减小了。钢丝绳上装的防摆配重，其作用是防止筛箱横向摆。若产生横向摆时，可以变化防摆配重在绳上的高度，借此改变钢丝绳的自振频率，防止产生共振现象，达到防摆的目的。防摆配重的位置，一般偏于钢丝绳的上方，其高度视实际情况而定。如果悬挂筛箱的钢丝绳较短，可以不使用防摆配重。

7.1.1.4 座式自定中心振动筛

图7-4为座式自定中心振动筛。筛箱用隔振弹簧支承在机座上，

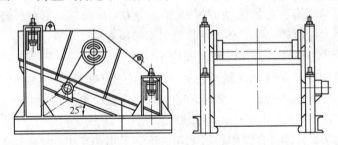

图 7-4 座式自定中心振动筛

这样可以减小筛子所占的空间。从图中可见，该筛子除支承装置与挂式系列不同外，其他结构基本上相同。

7.1.2 旋振筛

旋振筛如图7-5所示。旋振筛是一种特殊型、高精度细粒筛分机械，特别适用于细粒、微粉的分级处理。旋振筛可用于干式、湿式及多种几何形状颗粒的筛分作业。旋振筛可叠加

图 7-5 旋振筛

安装多层筛面，筛面及筛框可用多种材料和工艺的网、孔板等，可附加防堵塞、促使颗粒成层的多种措施，还可加干燥、冷却、清洗、除尘等设施。旋振筛为全封闭结构，无粉尘逸散。

7.1.2.1 旋振筛的结构

旋振筛由筛盖、筛框、振动源、隔振簧、底座组成，其结构见图 7-6。筛盖由进料口及斜锥体组成，其下端与筛框相接，筛盖和筛框由卡环连接，在筛盖和筛框之间有密封垫；筛框由钢板（铝板或不锈钢板）卷焊而成。筛框上下端均有承接圈，下端的内部有法兰圈，用于固定筛网、压网圈，胶球托板上有两道凸起钢板圆圈，将托板分割成内、中、外三层，托板上钻有小孔，在筛

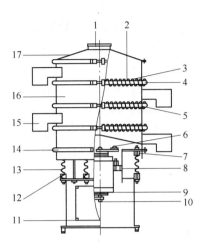

图 7-6 旋振筛结构图

1—进料口；2—橡胶球；3—筛网；4—网架；
5—托球板；6—加重块；7—上部重锤；
8—筛盘；9—振动电机；10—下部重锤；
11—机座；12—运输用固定螺栓（试机时去掉）；13—弹簧；14—束环；
15—出料口；16—筛框；17—防尘盖

网与胶球托板之间装有橡胶球，在振动过程中橡胶球击打筛网，防止筛网堵塞。压网圈、筛网、胶球托板和漏斗用螺栓、螺母和垫圈与筛框法兰紧固；振动源由立式振动电机、电机机座支架及传振体组成。立式振动电机安装在机座支架上，支架有螺栓与传振体连接。传振体与底座由隔振簧相连。传振体与筛框用卡环连接；隔振簧由弹簧、弹簧支承（钢制圆柱体一端有内螺纹）、螺钉和弹簧垫圈组成。沿传振体一圈有 12~20 个隔振弹簧；底座由钢板卷焊而成，在底座壁上有一检修门及电器开关座，座壁上部焊制一圈法兰，此法兰与传振体用隔振簧相连。

7.1.2.2 旋振筛的工作原理

振动电机轴上下两端所安装的重锤（不平衡重锤），将电机的旋转运动力转换为水平、垂直、倾斜的三次元运动（三维运动），再将

此运动传递给筛面。改变上下重锤的相位角可改变原料在筛面的运动方向，如图 7-7 所示。

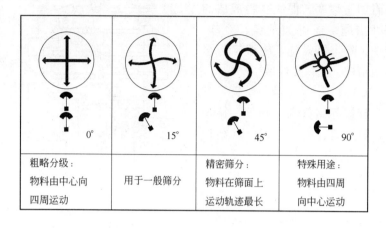

图 7-7　不同相位角时物料的运动轨迹

　　对于粗略分级，容易进行大量物料的筛分，相位角一般选 0°~30°，物料由中心向外做直线运动；一般精度筛分作业，相位角在 30°~50°，物料在筛面上运动轨迹加长；精密筛分、微分、凝缩力高的原料，及含水率高造成的难筛分物料，相位角选择在 45°~85°，物料在筛面上形成圆周状运动；排除原料中的异物及湿式分级，相位角 50°~90°，物料向中心运动或做卷状运动。对于各种物料应仔细调整相位角，在调节相位角的同时，辅以配重块的增减，以求达到合适的激振力，并获得最佳筛分状态。只可调节下偏心块，方向为逆时针 0°~90°，这项工作必须认真对待，因为它直接关系到旋振筛工作的优劣。

7.2　重力分级

　　重力分级是利用粗细颗粒在流体（液体或气体）中重力的差别进行分级的过程。它主要用于 100~1000μm 范围的粒度分级，依所用介质的不同分为湿式分级和干式分级。

　　工作原理为流体通过向上的锯齿（曲折）形波道，颗粒在其中反复分级，粗粒子从下部排出，细粒子随流体从上部流向收集器。重力分级设备构造简单，无转动部件，能耗较低，处理量较大，通过流量变化，能随时改变分级粒径。但由于分级粒径较大，故不适宜做超微粉碎的分级设备，仅在一般分级加工中应用。

在铝粉的重力分级中，大都属于颗粒在密度和粒度均一的粒群中进行的干涉沉降，沉降速度可用公式 7-2、公式 7-3 表示：

$$v_{hs} = v_0(1 - \lambda^{2/3})(1 - \lambda)(1 - 2.5\lambda) \qquad (7\text{-}2)$$

公式 7-2 可简化，近似写成为：

$$v_{hs} = v_0(1 - \lambda)^6 \qquad (7\text{-}3)$$

式中 v_{hs}——颗粒的干涉沉降速度，m/s；

v_0——颗粒的初始垂直向下速度，m/s；

λ——固体颗粒的容积浓度。

此公式适用于 $\lambda < 0.25$ 时在黏性阻力条件下颗粒的干涉沉降速度计算。公式 7-2 与公式 7-3 相比，在 $\lambda < 0.27$ 时误差不超过 6.3%。$1 - \lambda$ 为单位体积悬浮体内分散介质所占的体积分数，称为松散度，常以 θ 表示：

$$\theta = 1 - \lambda \qquad (7\text{-}4)$$

7.2.1 湿式重力分级

在湿式重力分级作业中，介质的运动形式有垂直运动和水平运动两种。颗粒在两种介质流中的分级原理示意图见图 7-8。在垂直运动流中，液流常是逆着颗粒沉降方向向上流，此时颗粒沉降速度 v_2 大于液流速度 v 的粗颗粒向下沉降形成沉砂，沉降速度 v_1 小于液流速度 v 的细颗粒向上运动从设备顶部排出，形成溢流，如图 7-8a 所示；在水平流动的液流中，颗粒在水平方向的速度与水流速度大致相同，在垂直方向的沉降速度据颗粒的密度、形状的差异而不同，粗颗粒沉降早，细颗粒随溢流流出，分级过程按颗粒的沉降速度差进行，如图 7-8b 所示。

在工业生产中应用较多的湿式重力分级设备有：云锡式分级箱、机械搅拌式分级机、筛板式分级机和水冲箱等。

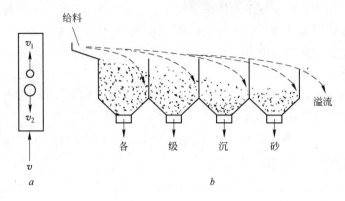

图 7-8   颗粒在液体中的分级示意图

a—垂直流；b—水平流

7.2.2   干式重力分级

铝粉的干式重力分级主要以空气或惰性气体为介质，颗粒在气体中沉降与在液体中沉降的规律相同。与颗粒的密度相比，空气等常用气体的密度可以忽略不计。此时颗粒的沉降末速度关系式可以写成：

$$v_0 = \sqrt{\frac{\pi d\delta g}{6\psi\rho}} \qquad (7-5)$$

式中 v_0——颗粒的沉降末速度，m/s；

d——颗粒直径，μm；

δ——颗粒的密度，kg/m^3；

ψ——阻力系数；

ρ——空气的密度，kg/m^3。

在不同的颗粒与气流状态下，阻力系数差异很大，可通过查阅资料和计算来确定。在塔嘎特（A. A. Taggart）主编的选矿手册中，列出了不同粒度颗粒在空气中的速度值，如表 7-3 所示。按重力沉降原理工作的沉降箱（如图 7-9 所示），其分离的最小颗粒粒度约为 200μm，带拦截板的分离器可分离到 50～150μm 的颗粒。沉降箱常设在风力管道输送的中途，借沉降箱内流通断面扩大，气流速度降低，使粗颗粒沉降下来。

表 7-3　固体颗粒在静止空气中的沉降速度

颗粒直径 /μm	沉降速度（21.1℃）/cm·s⁻¹		
	球　形（密度 1.0g/cm³）	不规则形状（密度 2.5g/cm³）	球　形（密度 3.0g/cm³）
5000	889	1596	
1000	401		
500	282	239	
100	30.1		91.5
74			48.8
50	7.52	12.2	16.8
25			5.08
10	0.301		0.915
5	0.0752	0.0122	
1	12.7①		32.9①
0.5	3.56①	5.85①	
0.1	0.127①		
0.05		0.202①	

①单位为 cm/h。

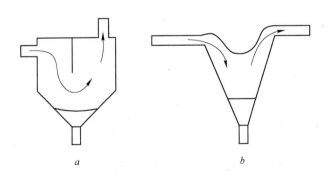

a　　　　　　　　b

图 7-9　两种简单的沉降箱

在水平管道中，输送固体颗粒需要的气流速度要比在垂直管道中大得多。输送某些物料的水平速度大概是：密度小于 1.5g/cm³ 的粉状物料约在 2m/s；密度在 2.5g/cm³ 左右的细粒物料约在 3.5m/s 以上；密度达到 4g/cm³ 的微细物料约大于 4m/s。在沉降箱内气流的水平流速最好能降至 0.02～0.6m/s 范围内，此时可有较好的分离效果。

沉降箱的有效高度与长度之比为：

$$\frac{h}{l} = \frac{v_{cr}}{u} \tag{7-6}$$

式中　h——沉降箱有效高度；

　　　l——沉降箱长度；

　　　v_{cr}——临界颗粒的沉降速度；

　　　u——气流水平速度。

7.3　离心分级

离心分级是利用回转流体产生的离心作用使粉末颗粒按粒度大小进行分级。按离心原理分级的设备有湿式的水力旋流器和干式的旋风分离器。

7.3.1　水力旋流器

水力旋流器所用的分级介质可以是水或其他液体介质，因该设备常用于以水为介质的分级工艺中，所以被称为水力旋流器。它可用于湿式铝粉加工工艺中的分级和浓缩等工序。

7.3.1.1　水力旋流器结构和工作原理

水力旋流器没有运动部件，典型的水力旋流器结构及内部的流体流动过程如图 7-10 所示。水力旋流器的主要部件为进口、溢流管、柱段、锥段及底流管。来料由进口切向进入旋流器内做螺旋运动（一般来说，入口速度大于 5m/s），液体在腔内急剧旋转，产生强烈的涡流，并分为溢流和底流两部分，分别由溢流管和底流管排出。在水力旋流器内部，同时存在着向下运动的外螺旋和向上运动的内螺旋流动。

水力旋流器内颗粒分级的基本原理是离心沉降，颗粒在离心力的作用下具有向旋流器壁沉降的趋势。粗颗粒由于受到较大的离心力作

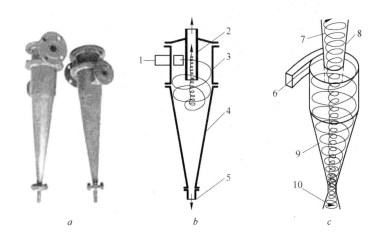

图 7-10　水力旋流器结构及工作原理

a—外形图；b—结构；c—内部流体流动过程

1—进口；2—溢流管；3—柱段；4—锥段；5—底流管；6—进料；

7—内旋流；8—溢流；9—外旋流；10—底流

用，向旋流器壁面运动并随外旋流从旋流器底部排出形成底流；细颗粒则由于所受的离心力较小，来不及沉降就随内旋流从溢流管排出，形成溢流。

尽管水力旋流器的结构简单，但其内部的流动情况却非常复杂。除上述内、外旋流两种主要流动形式以外，水力旋流器内还存在着循环流和短路流。一般情况下，在其中心轴附近还会产生空气柱。

7.3.1.2　水力旋流器的分级粒径

旋流器的分级粒径按公式 7-7 计算：

$$d_{cr} = \frac{0.75 d_f^2}{\phi_x} \sqrt{\frac{\pi\mu}{Qh_{ov}(\delta - \rho)}} \tag{7-7}$$

公式 7-7 为厘米、克分制的计算式。

按国际单位制，上式变换为：

$$d_{cr} = \frac{0.058 d_f^2}{\phi_x} \sqrt{\frac{\pi\mu}{Qh_{ov}(\delta - \rho)}} \tag{7-8}$$

式中　d_{cr}——旋流器分级的临界粒径，m；

　　　μ——介质黏滞系数，kg/(m·s)；

　　　Q——旋流器按料浆体积计算的处理能力，m^3/s；

　　　h_{ov}——分级液面的高度，理论上应为溢流管下沿到锥壁的轴向距离，实际上可取锥体高度的2/3，m；

　　　δ——固体颗粒的密度，kg/m^3；

　　　ρ——流体介质的密度，kg/m^3；

　　　d_f——给料口直径，m；

　　　ϕ_x——速度变化系数，与旋流器结构尺寸有关，$\phi_x > 1$。

当给料口为矩形断面时，d_f 按式 7-9 计算：

$$d_f = \sqrt{\frac{4}{\pi}bl} \tag{7-9}$$

式中　b——矩形给料口断面宽度，m；

　　　l——矩形给料口断面长度，m。

有两种方法计算 ϕ_x 的值：

（1）达尔扬教授提出的与旋流器直径 D 和溢流管直径 d_{ov} 的关系式：

$$\phi_x = \left(\frac{D}{d_{ov}}\right)^n \tag{7-10}$$

式中，$n = 0.5 \sim 0.9$，一般取 0.64。

（2）原苏联选矿设计院提出的计算公式：

$$\phi_x = 6.6\frac{A_f a^{0.3}}{D d_{ov}} \tag{7-11}$$

式中　A_f——给料口的面积，m^2；

　　　a——旋流器锥角，(°)。

7.3.1.3 影响水力旋流器工作的因素

旋流器的结构参数影响它的工作效率，旋流器的结构参数主要包括圆柱体直径 D、给料口当量直径 d_f、溢流管直径 d_{ov}、底流管直径 d_s 和锥角 α，其次还有圆柱体高度和溢流管插入深度。

穆德（J. J. Moder）等人建议，一般情况下各结构参数应保持以下关系：

$$2d_f + d_{ov} \approx 0.5D$$

及
$$\frac{d_{ov}}{d_f} \approx 2 \tag{7-12}$$

前苏联波瓦洛夫认为有下列关系：

$$d_f = (0.2 \sim 0.4)D$$

及
$$d_f = (0.4 \sim 1.0)d_{ov} \tag{7-13}$$

溢流管与底流管直径之比 d_{ov}/d_f 称作角锥比。试验得出，分级用旋流器的角锥比以 $3 \sim 4$ 为宜。旋流器的结构参数实例见表7-4。

表 7-4 旋流器结构尺寸

旋流器直径/mm	500	溢流管插入深度/mm	300
切向进料管直径/mm	100	旋流器柱段长度/mm	200
溢流管直径/mm	150	旋流器锥段锥角/(°)	30
底流管直径/mm	45		

在进行粗分级时选用较大直径旋流器；在细分级时则选用小直径旋流器。如果后者的处理量不够，可将多套小直径旋流器组装在一起使用。

7.3.2 旋风分离器

旋风分离器是利用旋转气流的离心力将粉尘分离。它的结构件简单，无可动部件，分离效率高，压降适中，尤其适合于高温、高压和含尘浓度高及易燃易爆的工况下使用。在雾化工艺和干式球磨法生产铝粉工艺中，旋风分离器应用很广泛，既可以用于产品分级，又可用于铝粉的收集，是铝粉生产工艺中的重要装备，对于铝粉生产的工艺稳定影响较大。旋风分离器如图7-11a所示。

旋风分离器与水力旋流器的工作原理相同，也是利用离心沉降原理分离颗粒的设备。不同之处在于，水力旋流器的分散介质是液体，而旋风分离器的分散介质是气体。旋风分离器上部为圆筒形，下部为圆锥形。含尘气体从圆筒上侧的矩形进气管以切线方向进入，并在旋

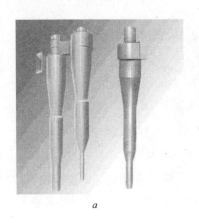 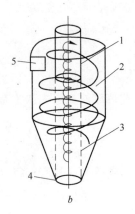

a   b

图 7-11   旋风分离器结构及工作原理

a—外形图；b—结构及工作原理图

1—升气管；2—分离空间；3—CS 柱面；4—排料口；5—入口

风分离器内做旋转运动。气体在分离器内按螺旋形路线向器底旋转，到达底部后折而向上，成为内层的上旋的气流，称为上旋流，然后从顶部的中央升气管排出。气体中所夹带的尘粒在随气流旋转的过程中，由于密度较大，受离心力的作用逐渐沉降到器壁，碰到器壁后落下，滑向排料口。气体沿中心轴线，由顶部中心升气管排出。旋风分离器结构及工作原理如图 7-11b 所示。

在离心力计算中，气体密度与颗粒密度相比可忽略不计，根据Barth 的平衡轨道模型建立的离心力和阻力平衡方程，可以得到旋风分离器的切割粒径公式：

$$x_{50} = \sqrt{\frac{9 v_{rcs} \mu D_x}{c_c \rho_p v_{\theta cs}^2}} \tag{7-14}$$

式中 x_{50}——旋风分离器的理论分离粒径，μm；

v_{rcs}——CS 表面（CS 表面是指升气管下端沿升气管表面向下至旋风分离器锥体底部的虚拟柱面）上的径向气体速度，m/s；

D_x——CS 柱面（升气管）直径，m；

μ——介质黏滞系数，kg/(m·s);

c_c——校正系数;

ρ_p——粉末真密度，kg/m³;

$v_{\theta cs}$——CS 表面上的切向气流速度，m/s。

经推导，得出了与旋风分离器的结构参数、操作参数相关的临界粒径的详细表达式:

$$x_{50} = \sqrt{\frac{9\mu}{\pi Q \rho_p H_{cs}} \left[abR_x \left(1 - 0.4\sqrt{\frac{b}{R}} \right) + \pi H_{cs}(0.005 + 0.015\sqrt{C_0}) \right]}$$

(7-15)

式中 μ——介质黏滞系数，kg/(m·s);

Q——旋风分离器的气体流量，m³/s;

ρ_p——粉末真密度，kg/m³;

H_{cs}——CS 柱面高度，m;

a——旋风分离器入口高度，m;

b——旋风分离器入口宽度，m;

R_x——升气管半径，m;

R——旋风分离器筒体半径，m;

C_0——旋风分离器入口处粉尘的相对浓度:

$$C_0 = \frac{C_{in}}{\rho}$$

(7-16)

ρ——介质气体密度，kg/m³;

C_{in}——旋风分离器入口处粉尘的浓度，kg/m³;

$$C_{in} = \frac{q}{Q}$$

(7-17)

q——旋风分离器入口料量，kg/h;

Q——旋风分离器入口气体流量，m³/h。

对旋风分离器的分离性能起影响作用的因素，除了其本身的结构特性外，还有两个重要的因素，气体中粉料浓度和自然旋风长。

当粉料浓度增加到相当大时，旋风分离器的性能会随之改善，即随着粉料浓度的增加，总分离效率增加，而压降降低，但气体出口的粒度分布基本不变。在干式球磨工艺中，旋风分离器经改造，被用来作为检查分级设备使用，粗颗粒从排料端返回继续研磨，合格的细粒级铝粉从升气管排到收集系统中，收集为成品。这种分离器是通过上下可调式的升气管来改变分离器的切割粒径，以此调节产品粒度分布。

Alexande（1949年）提出了自然旋风长的概念，旋风分离器如果太长，旋涡会在分离器本体内的某一位置结束，这一结束点被称为"自然转折点"或称为旋涡"端点"或"尾点"，将这一点到分离器升气管末端之间的距离称为自然旋风长。自然旋风长与旋风分离器的堵塞现象有关。

7.4　组合式分级

组合式分级是指利用惯性分级、重力分级、离心分级中的两种以上的分级原理，相互配合进行粉末分级的方式。组合式分级设备包括粗分离器、强制涡分级机、卧式螺旋分级机等。

7.4.1　粗分离器

粗分离器（粗分级机）为空气一次通过的外部循环式分级机，是利用颗粒群在垂直上升旋转运动的气流中，由于重力和惯性力作用而沉降分级的设备。按导向叶片的装载方向不同分为径向型和轴向型两大类，该设备适合于铝镁合金粉生产中的粗分级，其外形结构如图 7-12 所示。

粗分级机的工作原理是携粉气体以 10~20m/s 的流速由下向上，从进气管进入内外锥之间。特大颗粒首先碰到反射锥，被撞到外锥下部，由粗粉管排出。两锥之间上升的气流速度降至 4~6m/s，又有一部分粗颗粒在重力作用下被分选出来。气流继续上升到顶部，经由导向叶片，方向突变，做旋转运动，较粗的颗粒由于惯性力和离心力的作用而甩向内锥内壁，最

图 7-12　轴向型粗分离器

后也进入粗粉管。细粉随气流经中心排气管排出。

　　轴向型粗粉分离器的分离机制分为三级。一级分离是由于气粉两相流以大约 16~18m/s 的速度进入分离器，由于截面积突然增加，气流速度降低（约4m/s），此时大颗粒发生重力沉降，加之撞击锥的折向作用，大颗粒在下锥体内壁附近被分离出来。二级分离是轴向挡板的撞击和折向作用带来的拦截和惯性分离。三级分离是由于轴向挡板的导流作用，气流在上部空间形成一个旋转流场，大颗粒被甩到四周，小颗粒从中部出口管离开分离器。由于上部空间较大，三级分离中仍然有重力分离。

　　径向型分离器只有两级分离，即重力和离心分离，二者的比例约为 1:5，且旋转流场路径很短，分级效率较低。

　　新型的轴向型分离器三者之比约为 2:3:1，如图 7-13 所示。由于具有较大的效率优势，径向型粗分离器逐渐被轴向型取代。径向型粗粉分离器的分离效率为 50% 左右，新型高效低阻的轴向型粗粉分离器分离效率为 70% 左右，降低了磨机的循环倍率，减小了磨机内

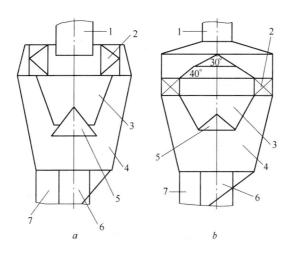

图 7-13　粗分离器结构原理

a—径向型粗分离器；b—轴向型粗分离器

1—排气管；2—导向叶片；3—内锥体；4—外锥体；

5—反射锥；6—进料管；7—粗粉管

循环量，提高了磨机出料量。轴向型粗粉分离器解决了下部筒体的磨损，延长了分离器的使用寿命，减少了检修工作量，改善了漏粉造成的环境污染。轴向型粗粉分离器比径向型粗粉分离器阻力降低 0.5 kPa 左右，大大降低了制粉电耗，提高了机组的经济性。

7.4.2　强制涡分级机

强制涡分级机是通过高速旋转的叶轮产生一个分级界面，粉体在气流的带动下进入这个分级界面，从而旋转产生了是自身质量上千倍的离心力。粉体的离心力大于气体的携带力时，粉体被甩离分级界面（粗粉）；粉体的离心力小于气体的携带力时，粉体在气体的携带下，进入叶轮，最后进入除尘器被捕集（细粉），从而实现了对粉体的分级。该机主要用于干式铝粉工艺中的超细分级，分级粒径在 3 ~ 150μm 之间。

目前国内强制涡分级机的类型较多，但基本原理相同。图 7-14a

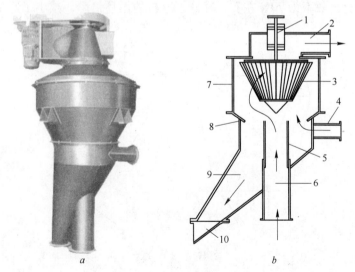

图 7-14　MS 型超细粉分级机
a—分级机外形图；b—分级机内部结构
1—轴；2—细粉出口；3—叶轮；4—二次风入口；5—调节管；6—给料管；
7—筒体；8—环形体；9—斜管；10—粗粉出口

是 MS 型超细粉分级机，是典型的强制涡分级机，其内部结构如图
7-14b所示。待分级物料和气流经给料管和调节管进入机内，经过锥
形体进入分级区。在电机带动下，皮带带动主轴旋转，进而带动叶轮
旋转，电机及叶轮转速可调，以调节分级粒度。细粒级物料随气流经
过叶片之间的间隙向上经排出口排出；粗粒级物料被叶片阻留，沿中
部筒体的内壁向下运动，经环形体时，在上升气流的吹送下，进行二
次分级，细颗粒上升，继续分级，粗颗粒下降，进入斜管，自下端粗
粉出口斜管排出。

强制涡分级机的分级粒径可用式 7-18 表示：

$$d_c = \frac{9.55}{n} \sqrt{\frac{18\eta\mu_r}{r(\delta - \rho)}} \tag{7-18}$$

式中　d_c——理论分级粒径，m；

n——叶轮转速，r/min；

μ_r——气流速度，cm/s；

r——叶轮平均半径，cm；

δ——物料密度，g/cm^3；

ρ——空气密度，g/cm^3；

η——空气阻尼系数，g/(cm·s)。

通过调节叶轮转数、风量（或气流速度）、上升气流、叶轮叶片
数以及调节管的位置可以调节微细分级机的分级粒径。强制涡分级机
的主要特点有：分级范围广，产品细度可在 3～150μm 之间任意选
择，在雾化铝粉工艺中，可分级出 $d_{50} = 2μm$ 的铝粉；分级效率高，
可达60%～90%；适合范围广，能用于纤维状、薄片状、块状和管
状等不同物料的精细分级；结构简单，维修、操作、调节方便；可与
很多制粉机型配套使用。

7.4.3 卧式螺旋分级机

卧式螺旋分级机是湿式的微细分级设备，其结构及工作原理
如图 7-15 所示。它是由机壳、螺旋推料器、转鼓、差速器、机座
等组成。

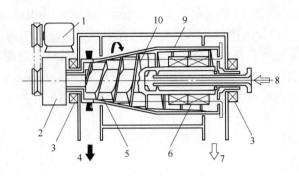

图 7-15 卧式螺旋分级机

1—电机；2—差速器；3—主轴承；4—排渣口；5—腔体；6—分离板；
7—溢流口；8—浆液入口；9—转鼓；10—螺旋

转鼓通过主轴承水平安装在机座上，螺旋推料器通过滚动轴承或滑动轴承同心安装在转鼓内，转鼓与螺旋推料器之间有微小的径向间隙，工作时两者同向高速旋转但转速不同。待分级的悬浮液由中心进料管加入到进料仓，加速后由螺旋上的进料孔进入转鼓内。进入的液体一方面做高速离心旋转，同时沿两螺旋叶片间的螺旋流道流动，且全部液层深度上均处于层流流动状态。由于形成的液体层较厚，故又称厚液层型分级机。悬浮液在较大离心力作用下，进入转鼓内的悬浮液很快分成两层，较粗的颗粒沉积在转鼓内壁上形成沉渣层，而含有较细颗粒的液相则形成内环分离液。沉渣被螺旋推料器推送至转鼓小端，进一步脱水后由渣口排出。含有细颗粒和流体的内环分离液采用溢流或离心泵方式从转鼓大端排出。差速器（齿轮箱）的作用是使转鼓和螺旋之间形成一定的转速差，分级粒径可通过转速和加料量来调节。

卧式螺旋分级机主要特点：

（1）应用范围广，主要用于化工、石油、食品、制药、环保等需要固液分离的领域。能够完成固相脱水，液相澄清，液-液-固、液-固-固三相分离，粒度分级等分离过程；

（2）对物料的适应性较大，能分离的固相粒度范围较广（0.0005~2mm），在固相粒度大小不均时能照常进行分离；

（3）能自动、连续、长期运转，维修方便，能够进行封闭操作；

（4）单机生产能力大，结构紧凑，占地小，操作费用低；

（5）固相沉渣的含混量一般比过滤离心机高，大致接近真空过滤机；

（6）固相沉渣洗涤效果不好。

8 铝粉的改性

　　铝粉的表面性质是影响铝粉性能的基本因素之一，铝粉的表面性质包括表面能、表面张力、表面化学位、表面官能团、表面酸碱性等。铝粉的表面改性是指用物理、化学、机械等方法对铝粉表面进行处理，根据要求有目的地改变铝粉表面性质，使其满足应用的需要。铝粉的表面改性主要是在研磨过程中，对球磨铝粉进行表面处理。

　　铝粉表面改性的目的主要是：提高球磨铝粉的分散性；提高铝粉的比表面积、着色力、遮盖力；降低铝粉表面粗糙度，增强金属感，提高附加值；增加包覆层，对铝粉加以保护，提高耐候性、耐热性、防腐力；使铝粉表面具有特定的化学性能，赋予新功能、增加相容性。

8.1　改性机制

　　颗粒粉碎过程是物质化学键的折断和重新组合的过程。随着粉碎的进行和断裂面的形成，颗粒表面上出现不饱和的价键和带有电荷的结构单元，使颗粒处于亚稳的高能状态。在条件合适时，颗粒在比较弱的引力作用下结团，成为附聚体；或者颗粒在比较强的化学键的作用下结合为一整体，成为真正的聚结体。因此，粉碎也是一个可逆过程，如图8-1 所示。

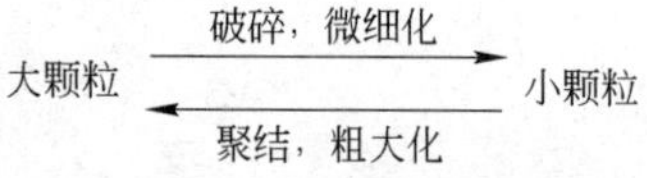

图 8-1　颗粒粉碎过程

　　为了使粉碎向着微细化的方向发展，需要对粉碎后的颗粒进行表面改性，以削弱颗粒表面的化学能。在研磨法生产铝粉的工艺中，研磨铝粉是一个能量积累的过程。随着研磨时间的推移，颗粒表面或裂纹上的能量越积越多，加上不饱和价键和带电基团的形成都会促成颗粒的二次团聚。加入助磨剂改性后，助磨剂会吸附于颗粒的活性表面，平衡电价，从而屏蔽附聚力，阻止粉末的聚结。由于改性剂在粉体表面进行吸附、反应、包覆或成膜，它降低了粉体表面能，从而导致颗粒粉碎断裂的最小应力降低，结果使粉碎效益提高。因而表面改性起到的第一作用是使粉体得到迅速、均匀地分散，此时表面改性剂起到了分散剂的作用。通常把硬脂酸、油酸等有机物作为主要分散剂和助磨剂来使用。

铝粉改性的过程也是改性剂在粉体表面吸附的过程。吸附是一种物质的原子或分子附着在另一物质表面的现象。吸附本质是固体表面力场与被吸附分子发出的力场相互作用的结果。根据吸附剂表面与被吸附物之间作用力的不同，吸附可分为物理吸附与化学吸附。

物理吸附是被吸附的流体分子与固体表面分子间的作用力为分子间吸引力，即所谓的范德华力（Van der Waals）。因此，物理吸附又称范德华吸附，它是一种可逆过程。当固体表面分子与气体或液体分子间的引力大于气体或液体内部分子间的引力时，气体或液体的分子就被吸附在固体表面上。从分子运动观点来看，这些吸附在固体表面的分子，由于分子运动也会从固体表面脱离而进入气体（或液体）中去，其本身不发生任何化学变化。随着温度的升高，气体（或液体）分子的动能增加，分子就不易滞留在固体表面上，而越来越多地溢入气体（或液体）中去，即所谓"脱附"。这种吸附-脱附的可逆现象在物理吸附中均存在。工业上就利用这种现象，借改变操作条件，使吸附的物质脱附，达到使吸附剂再生，回收被吸附物质而达到分离的目的。物理吸附的特征是吸附物质不发生任何化学反应，吸附过程进行得极快，参与吸附的各相间的平衡瞬时即可达到。

化学吸附是固体表面与被吸附物间的化学键力起作用的结果，这一类型的吸附需要一定的活化能，故又称"活化吸附"。铝粉化学吸附需要的活化能，由研磨粉碎的机械能提供。这种化学键亲和力的大小可以差别很大，但它大大超过物理吸附的范德华力。化学吸附放出的吸附热比物理吸附放出的吸附热要大得多，达到化学反应热的数量级，而物理吸附放出的吸附热通常与气体的液化热相近。化学吸附往往是不可逆的，而且脱附后，脱附的物质常发生了化学变化不再具有原有的形状，故其过程是不可逆的。化学吸附的速率大多进行得较慢，吸附平衡也需要相当长时间才能达到，升高温度可以大大增加吸附速率。对于这类吸附的脱附也不易进行，常需要很高的温度才能把被吸附的分子逐出去。人们还发现，同一种物质，在低温时，吸附剂在它上面进行的是物理吸附，随着温度升高到一定程度，就开始发生化学变化，转为化学吸附，有时两种吸附会同时发生。化学吸附在催化作用过程中占有很重要的地位。

有时为了得到具有不同表面特性的铝粉，需要使用多种不同的表面改性剂，或者不同的制备工艺来进行加工。例如：球磨铝粉中的飘浮型铝粉与非飘浮型铝粉是两种性质截然不同的铝粉，其重要区别就是采用的表面改性剂不同。通过采用具有不同功能基团的铝粉表面改性剂，使铝粉在特定介质中具有不同的接触角，从而表现出亲（疏）油（水）的特性。所谓接触角是指在一固体水平平面上滴一液滴，固体表面上的固-液-气三相交界点处，其气-液界面和固-液界面两切线把液相夹在其中时形成的角，如图8-2所示。

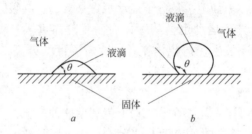

图8-2　接触角（θ）示意图

a—浸润；b—不浸润

8.2　常用改性剂

通常粉体的表面改性是依靠各种有机或无机化学物质，即表面改性剂来实现的，可以说表面改性剂是表面改性的关键。根据实际应用不同，牵涉到的表面改性剂也不同。因而，需要了解与掌握各种类型的表面改性剂的种类、结构、性能、功能、分子结构、相对分子质量大小、烃链长度、官能团或活性基团的功能性特征、作用机制或作用模型，这是指导表面改性剂的用法和用量的基础。在磨制铝粉中，常用的改性剂包括脂肪烃、芳香烃、脂肪酸、醇类、酯类等。

8.2.1　烃类

　　由碳氢两种元素组成的化合物称碳氢化合物，简称烃。根据碳原子连接方式的不同，烃类分为开链烃和环状烃。

　　脂肪烃是指分子中碳原子相互连接成不闭合链状结构的碳氢化合物。由于脂肪是这类烃的衍生物，故称为脂肪烃或开链烃。铝粉改性用的汽油、煤油、石蜡等均属于脂肪烃中的烷烃。脂肪烃的链状结构如图 8-3 所示。

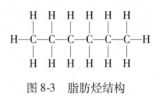

图 8-3　脂肪烃结构

　　烷烃在常温下很稳定，与大多数试剂如强酸、强碱、强氧化剂、强还原剂、金属钠等均不起作用，或反应速度极慢。由于烷烃有很好的稳定性，把它们作为研磨铝粉的改性剂，可以保护铝粉在研磨过程中或在使用过程中被氧化和腐蚀。

　　汽油的主要成分 $C_6 \sim C_{12}$，沸程在 $70 \sim 200℃$；煤油的主要成分 $C_{11} \sim C_{16}$，沸程在 $200 \sim 270℃$；石蜡主要成分 $C_{20} \sim C_{30}$，凝固点在 $50℃$ 以上。

　　芳香烃是指含有苯环结构的碳氢化合物，如苯、甲苯、萘等。在湿磨铝粉工艺中常用到苯或二甲苯，苯及其同系物一般是无色液体，不溶于水，可溶于乙醇和乙醚等有机溶剂中。单环芳烃的密度较小，一般在 $0.86 \sim 0.9$ 之间。芳香烃中较易挥发的同系物具有强烈的芳香气味，并具有显著的毒性。苯的蒸气可以通过呼吸道对人体产生损害，高浓度的苯蒸气主要作用于中枢神经，引起急性中毒，长期接触低浓度的苯蒸气会损害造血器官。

　　烃类对铝粉的改性过程分为三步：首先，在球磨系统强力的冲击和搅拌下，烃类与铝粉发生碰撞和接触，在范德华力的作用下，发生物理吸附，使烃的细小颗粒或油滴粘附在铝粉表面；然后，由于铝粉表面具有较强的亲油性，使得粘附在铝粉表面的烃类很容易在其表面逐渐展开；最后，烃类在铝粉表面继续铺展，以至于在铝粉表面形成一层薄薄的疏水性油膜，把铝粉保护起来。经烃类改性的铝粉具有疏水特性，即在水中的接触角较大。

为了使铝粉浆具有较好的漂浮性能，选用溶剂的表面张力值很重要。表 8-1 列举了各种溶剂的表面张力值对漂浮力的影响。

表 8-1   溶剂的表面张力值对漂浮力的影响

溶剂名称	相对密度（20℃）	表面张力（20℃）/N·m^{-1}	漂浮力/%
轻质苯	0.701	19.5×10^{-3}	9
松香水	0.773	25.4×10^{-3}	18
丙酮	0.792	23.7×10^{-3}	0
甲苯	0.864	27.8×10^{-3}	52
二甲苯	0.86	30.3×10^{-3}	60
石脑油	0.891	29.3×10^{-3}	85
四氢化萘	0.972	34.3×10^{-3}	100
十氢化萘	0.879	31.5×10^{-3}	90
乙醇	0.789	22×10^{-3}	0

8.2.2　脂肪酸

含有羧基（—COOH）的开链碳氢化合物，一般由脂肪加工制得，称为脂肪酸。脂肪酸的碳原子数大多是偶数，具有较高的对称性，可以使脂肪酸分子在晶格中更紧密地排列。由于分子间的距离较小，分子之间的吸引力相应加大，熔点升高。磨制铝粉中常用的改性剂硬脂酸、油酸均属于脂肪酸。硬脂酸用于漂浮型铝粉的生产，油酸用于非漂浮型铝粉的生产。

硬脂酸化学分子式为 $CH_3(CH_2)_{16}COOH$，常温下为乳白色蜡状固体，不溶于水，熔点为 69.4℃，沸点为 287℃，密度（70℃）为 847kg/m^3。硬脂酸属于复极性有机化合物，羧基一端能吸附（或化合）于铝粉表面，非极性的羟基向外，使铝粉具有疏水性。硬脂酸在高温的球磨系统内处于熔融状态，它与铝粉表面相互作用。相互作用包含两个过程：可逆吸附（即物理吸附）和不可逆吸附（即化学吸附）。前者以较高的速度附着于铝粉的表面，并且当硬脂酸加入量相当多时，产生吸附的多分子层薄膜，从而提高了铝粉表面硬脂酸阴离子的浓度。当超过硬脂酸铝的溶度积时（硬脂酸铝的溶度积的负对数为33.6），不可逆过程导致化学反应。Al^{3+}与硬脂酸阴离子作用，在铝粉表面生成稳定的硬脂酸铝。硬脂酸在铝粉表面形成的薄膜，能减少研磨体与研磨介质的磨耗，起到助磨和减磨的作用。硬脂酸最重要的作用是赋予铝粉漂浮性能，使铝粉能在载体膜内漂浮和定向排列，形成连续的金属膜，呈现特有的金属光泽。选用硬脂酸要注意其碘值的高低，碘值高的硬脂酸饱和度低，会影响铝粉的漂浮性能。

油酸化学分子式为$CH_3(CH_2)_7CH=CH(CH_2)_7COOH$，常温下为液体，不溶于水，熔点为14℃，沸点为223℃，密度为$0.895kg/m^3$。油酸属于不饱和脂肪酸，置于空气中时间过长，会吸收空气中的氧，发生聚合或自动氧化成低级的羧酸或醛，而具有腐败气味。油酸的改性机理与硬脂酸相同，油酸铝的溶度积的负对数为30.0。油酸属于不饱和脂肪酸，与饱和脂肪酸相比更易溶于有机溶剂。被用来作为加工非漂浮型铝粉的表面改性剂，能够使铝粉鳞片悬浮或沉淀于有机溶剂中，产生不同于漂浮型铝粉的光学特征，如图8-4所示。

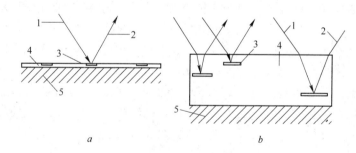

图8-4　溶剂中铝粉的光学特征

a—漂浮型铝粉；b—非漂浮型铝粉

1—入射光线；2—反射光线；3—铝粉鳞片；4—涂膜；5—载体

有关数据表明，脂肪酸改性的接触角远大于烃类改性的接触角，即脂肪酸改性后的疏水性强于烃类改性的疏水性。在铝粉生产工艺中，脂肪酸与烃类搭配使用会起到很好的改性效果。

8.2.3　其他改性剂

在铝粉生产中，特别是湿磨铝粉中，还会用到多种改性剂，如稳定剂、分散剂、抗析出剂、抗发气剂等，主要为醇类、酯类、醚类等。

醇类主要用于加气混凝土用铝粉（铝膏）的制备。醇类具有亲水基团，能够溶于水。醇类改性后的铝粉，能很好地溶于混凝土料浆，使铝粉在料浆中与碱性溶液反应放出氢气。在氢气的填充下，料浆迅速膨胀并在规定时间内凝固，形成加气混凝土。

稳定剂的作用在于它能够吸附来自各种原料的微量水，因微量水破坏铝鳞片对脂肪酸的吸附力从而降低铝颜料的漂浮力。微量水还会引起铝的氧化放热反应，使铝粉的贮存寿命缩短，产品质量下降。稳定剂的另一作用是保护铝颜料在调入涂料后漂浮力不下降。通常，涂料内含有少量的游离酸，游离酸很容易剥脱铝粉所吸附的脂肪酸，使铝粉丧失漂浮力而发黑，稳定剂能中和这些游离酸。稳定剂一般是含有 NH_2 或 OH 官能团的有机物。

铝粉在研磨过程中容易发生团聚，引起产品颜色发黑，光泽度下降，因此在研磨和分级过程中需要加入醚类化合物，作为分散剂使用。

8.3　改性方法

日本学者小石真纯提出粉体改性的六种方法，它们是：包覆处理改性、沉淀包膜改性、表面化学改性、机械力化学改性、高能处理改性、胶囊化改性。铝粉表面改性主要用表面化学改性和机械力化学改性两种方法，其他方法只做简单介绍，以备将来在铝粉改性处理过程中应用。

8.3.1　包覆处理改性

包覆处理改性是指表面活性剂与粒子表面无化学反应，包覆层与粒子间靠物理或物理化学作用而结合的改性方法。包覆，也称涂覆和涂层，主要是用表面活性剂、水溶性或油溶性高分子化合物及脂肪酸皂等对粉体表面进行包覆，以达到改性的目的。包覆包括利用吸附、附着及简单化学反应或沉淀现象进行的包膜，如石英砂表面用酚醛树脂或呋喃树脂涂覆，可以提高其作铸造砂的黏结性能，并使铸件表面光洁，无需进行机械打磨。用荧光涂料涂覆的石英砂作示踪矿物，可代替放射性示踪粒子，且对生物无害。包覆处理是对矿物粉体进行简单改性处理的一种常见方法。

8.3.2 沉淀包膜改性

沉淀包膜改性即利用表面改性剂间的沉淀反应，生成的沉淀物均匀地沉淀在粒子表面上，形成包膜而改性。利用化学反应并将生成物沉淀在粉体表面形成一层或多层"改性层"的方法，是湿法改性的主要方法，称为沉淀改性方法。矿物粉体涂覆 TiO_2、ZrO_2 和 ZnO 等氧化物的工艺，就是通过沉淀反应改性方法实现的，其中最典型的实例就是云母钛珠光颜料和钛白粉代用品、各类矿物复合钛白粉的加工合成。

8.3.3 表面化学改性

表面化学改性是表面改性最重要、最常用的方法。表面化学改性通过表面改性剂与颗粒表面进行化学反应或化学吸附的方式完成。表面化学改性方法除利用表面官能团外，还利用游离基反应、螯合反应、溶胶吸附和偶联剂。采用表面化学改性，常用的表面改性剂是偶联剂、高级脂肪酸及盐、不饱和有机酸和有机硅等。偶联剂是最常用的矿物表面改性剂，按化学结构分为硅烷类、铝酸酯类和有机络合物等类型。

偶联剂是改性剂，对粉体进行表面改性的应用主要有预处理法和整体掺和法两类。预处理法是将粉体先进行表面改性，再加入到基体中形成复合体。

8.3.4 机械力化学改性

在粉体进行超细粉碎同时实施表面化学改性，利用粉碎机械力效应可以促进和强化改性效果。粉碎过程中施加的大量机械能，除消耗于颗粒细化外，还有一部分用于改变颗粒的晶格与表面性质，从而呈现激活现象。激活的颗粒极易与改性剂发生反应。此外，在粉碎过程中不断出现新鲜的颗粒表面，也易与改性剂发生反应，这就是机械力化学效应。由于机械力化学改性可以实现非金属矿物超细粉碎和表面改性技术的结合，提高加工效率，简化生产工艺，因而具有良好的研究与应用价值。

在铝合金粉末的加工过程中，铝粉的研磨、抛光过程属于铝粉的机械力化学改性过程，后面章节将详细介绍这一加工过程。

8.3.5 高能处理改性

利用紫外线、红外线、电晕放电和等离子体照射等方法进行粉体的表面改性方法称为高能处理改性。高能处理改性一般作为激发手段用于聚烯烃在粉体表面的接枝改性，主要用在纤维方面，如玻纤和 AIA 粉体经 X 射线照射，可实现苯乙烯单体在其表面的聚合接枝。

8.3.6 胶囊化改性

胶囊化改性是在粉体表面覆盖均质且有一定厚度膜的一种表面改性方法。由药品药效的缓释性需求而出现的固体药粉的胶囊化，是胶囊化改性的最初发展起因。它的另一特点是能够将液滴固体化（胶囊化）。采用 in situ 聚合法可制成聚甲基丙烯酸酯包覆的钛白粉胶囊改性粉体。利用气流冲击可实现聚甲基丙酸甲酯（PMMA）在尼龙-12 上的包覆。胶囊化改性工艺中，称内藏物为芯物质或核物质，包膜物为膜物质。胶囊的作用是控制芯物质的释放条件，即用胶囊控制调节芯物质的溶解、挥发、发色、混合以及反应时间，可以对反应质起隔离作用，对有毒物质起隐蔽作用。粉体的微胶囊化是正在发展的领域，微胶囊的壳体直径为 $5 \sim 200 \mu m$，壁厚从 $1 \mu m$ 到几分之一微米。

8.4 影响粉体表面改性效果的主要因素

8.4.1 粉体原料的性质

粉体原料的比表面积、粒度大小和粒度分布、比表面能、表面物理化学性质、团聚性等均对改性效果有影响，是考查选择表面改性剂配方、工艺方法和设备的重要因素之一。在忽略粉体孔隙率的情况下，粉体的比表面积与其粒度大小呈反比关系，即粒度越细，粉体的比表面积越大。在要求一定单分子层包覆率和使用同一种表面改性剂的情况下，粉体的粒度越细，比表面积越大，表面改性剂的用量也越大。粉体的表面物理化学性质，如表面电性、润湿性、官能团或基团、溶解或水解特性等直接影响其与表面改性剂分子的相互作用，从而影响其表面改性的效果。同时，粉体的表面物理化学性质也是考查选择表面改性工艺方法的重要因素之一。比表面能大的粉体物料，一般倾向于团聚，这种团聚体如果不能在表面改性过程中解聚，就会影响表面改性后粉体产品的应用性能。因此，团聚倾向很强的粉体最好在与表面改性剂作用前进行分解团聚。

8.4.2　表面改性剂配方

粉体的表面改性在很大程度上是通过表面改性剂在粉体表面的作用来实现的。因此，表面改性剂的配方（品种、用量和用法）对粉体表面的改性效果和改性后产品的应用性能有重要影响。表面改性剂配方具有针对性很强，即具有"一把钥匙开一把锁"的特点。表面改性剂的配方包括选择品种、确定用量和用法等内容。

8.4.3　表面改性剂的选择

选择表面改性剂主要考虑的因素是：粉体原料的性质、产品的用途或应用领域以及工艺、价格和环保等因素。粉体原料的性质主要有：酸碱性、表面结构和官能团、吸附和化学反应特性等。通常，应尽可能选择能与粉体颗粒表面进行化学反应或化学吸附的表面改性剂，因为物理吸附在应用过程中的强烈搅拌或挤压作用下容易脱附，例如，硬脂酸、油酸等呈酸性的有机物可以与铝离子反应生成稳定化合物，形成较牢固的化学吸附；但烃类一般不能与铝粉进行化学反应或化学吸附。

产品的用途是选择表面改性剂最重要的考虑因素。不同的应用领域对粉体使用性能的要求不同，如表面润湿性、分散性、pH 值、遮盖力、耐候性、光泽、抗菌性、防紫外线等，这就是要根据用途来选择表面改性剂品种的原因之一。例如，用于各种塑料、油性或溶剂型涂料的铝粉填料或颜料要求表面亲油性好，即与有机高聚物基料有良好的亲和性或相容性，这就要求选择能使铝粉表面疏水亲油的表面改性剂；对于水性漆或涂料中使用的铝粉（填料或颜料）的表面改性剂则要求改性后粉体在水相中的分散性、沉降稳定性和配伍性好。对于表面改性剂则主要根据应用领域对粉体材料功能性的要求来选择，同时不同应用体系的组分不同，选择表面改性剂时还需考虑与应用体系组分的相容性和配伍性，避免因表面改性剂而导致体系中其他组分功能的失效。此外，选择表面改性剂时还要考虑应用时的工艺因素，如温度、压力以及环境因素等。所有的有机表面改性剂都会在一定的温度下分解，如硅烷偶联剂的沸点依品种不同在 100～310℃ 之间变化。因此，所选择的表面改性剂的分解温度或沸点最好高于使用时的温度。

改性工艺也是选择表面改性剂的重要考虑因素之一。目前的表面改性工艺主要采用干法和湿法两种。对于干法工艺不必考虑其溶解性的问题，但对于湿法工艺要考虑表面改性剂的溶解性，因为只有能溶于溶剂才能在湿式环境下与粉体颗粒充分地接触和反应。对于不能直接水溶而又必须在湿法环境下使用的表面改性剂，必须预先将其皂化、铵化或乳化，使其能在水溶液中溶解和分散。

最后，选择表面改性剂还要考虑价格和环境因素，在满足应用性能要求或应用性能优化的前提下，尽量选用价格较便宜的表面改性剂，以降低表面改性的成本。同时要注意选择不对环境造成污染的表面改性剂。

8.4.4 表面改性剂的用量

理论上在颗粒表面达到单分子层吸附所需的用量为最佳用量，该用量与粉体原料的比表面积和表面改性剂分子的截面积有关，但这一用量不一定是 100% 覆盖时的表面改性剂用量。对于无机表面包覆改性，不同的包覆率和包膜层厚度可能表现出不同的特性，如颜色、光泽等。因此，实际最佳用量的确定还是要通过改性试验和应用性能试验来确定，这是因为表面改性剂的用量不仅与表面改性时表面改性剂的分散和包覆的均匀性有关，还与应用体系对粉体原料的表面性质和技术指标的具体要求有关。对于湿法改性，表面改性剂在粉体表面的实际包覆量不一定等于表面改性剂的用量，因为总是有一部分表面改性剂未能与粉体颗粒作用，在过滤时被流失掉。因此，实际用量要大于达到单分子层吸附所需用量。

8.4.5 表面改性剂的使用方法

表面改性剂的使用方法是表面改性处理的重要组成部分之一，对粉体的表面改性效果有重要影响。好的使用方法可以提高表面改性剂的分散程度和与粉体的表面改性效果；反之，使用方法不当就可能使表面改性剂的用量增加，改性效果达不到预期目的。

表面改性剂的用法包括配制、分散和添加，以及使用两种以上表面改性剂时加药顺序。表面改性剂的配制方法要依表面改性剂的品种、改性工艺和改性设备而定。不同的表面改性剂需要不同的配制方法，例如，对于硅烷偶联剂，与粉体表面起键合作用的是硅醇，要达到好的改性效果（化学吸附），最好在添加前进行水解。对于使用前需要稀释和溶解的其他有机表面改性剂，如钛酸酯、铝酸酯、硬脂酸等要采用相应的有机溶剂，如无水乙醇、甲苯、乙醚、丙酮等进行稀释和溶解。对于在湿法改性工艺中使用的硬脂酸、钛酸酯、铝酸酯等不能直接溶于水的有机表面改性剂，要预先将其皂化、铵化或乳化为能溶于水的产物。添加表面改性剂的最好方法是使表面改性剂与粉体均匀和充分接触，以达到表面改性剂的高度分散和表面改性剂在粒子表面的均匀包覆。因此，最好采用与粉体给料速度连动的连续喷雾或滴（添）加方式，当然只有采用连续式的粉体表面改性机才能做到连续添加表面改性剂。

无机表面改性剂的配制方法比较特殊，需要考虑溶液 pH 值、浓度、温度、助剂等多种因素。在选用两种以上的表面改性剂对粉体进行处理时，加药顺序也对最终表面改性效果有一定影响。在确定表面改性剂的添加顺序时，首先要分析两种表面改性剂各自所起的作用和与粉体表面的作用方式（是物理吸附为主还是化学吸附为主）。一般来说先加起主要作用和以化学吸附为主的表面改性剂，后加起次要作用和以物理吸附为主的表面改性剂。例如混合使用偶联剂和硬脂酸时，一般来说，应先加偶联剂，后加硬脂酸，因为添加硬脂酸的主要目的是强化粉体的疏水亲油性以及减少偶联剂的用量、降低改性作业的成本。

8.4.6 表面改性工艺

表面改性剂配方确定以后，表面改性工艺是决定表面改性效果最重要的影响因素之一。表面改性工艺要满足表面改性剂的应用要求或应用条件，对表面改性剂的分散性好，能够实现表面改性剂在粉体表面均匀且牢固的包覆；同时要求工艺简单、参数可控性好、产品质量稳定，而且能耗低、污染小。因此，选择表面改性工艺时至少要考虑以下因素：

（1）表面改性剂的特性，如水溶性、水解性、沸点或分解温度等；

（2）前段粉碎或粉体制备作业是湿法还是干法，如果是湿法作业可考虑采用湿法改性工艺；

（3）表面改性方法，方法决定工艺，如对于表面化学包覆，既可采用干法，也可采用湿法工艺；但对于无机表面改性剂的沉淀包膜，只能采用湿法工艺。

干法表面改性工艺简单，适用于各种有机表面改性剂，特别是非水溶性的各种表面改性剂。在干法改性工艺中，主要工艺参数是改性温度、粉体与表面改性剂的作用或停留时间。干法工艺中表面改性剂的分散和表面包覆的均匀性在很大程度上取决于表面改性设备。

湿法工艺具有表面改性剂分散好、表面包覆均匀等特点，但需要后续脱水（过滤和干燥）作业，适用于各种可水溶或水解的有机表面改性剂、无机表面改性剂以及前段为湿法制粉工艺而后段又需要干燥的场合。在湿法改性工艺中，主要工艺参数是温度、浆料浓度、反应时间、干燥温度和干燥时间等。

粉碎与表面改性合二为一的工艺，其特点是可以简化工艺，此外某些表面改性剂具有一定的助磨性，可在一定程度上提高粉碎效率。不足之处是温度不好控制，难以满足改性的工艺技术要求，而且，由于粉碎过程中包覆好的颗粒不断被粉碎，产生新的表面，颗粒包覆不均匀，包覆率不高。如果粉碎设备的散热不好，超细粉碎过程中局部的过高温升可能在一定程度上使表面改性剂分解或分子结构被破坏。

干燥与表面改性合二为一的工艺，其特点也是可以简化工艺，但干燥温度一般在200℃以上。干燥过程中加入的低沸点表面改性剂，可能还来不及与粉体表面作用就随水分子一起蒸发。在水分蒸发后出料前添加表面改性剂，虽然可以避免表面改性剂的蒸发，但停留时间较短，难以确保均匀牢固地包覆。湿法表面改性工艺虽然也要经过干燥，但是干燥之前表面改性剂已吸附于颗粒表面，排挤了颗粒表面的水化膜，因此在干燥时，首先蒸发掉的是颗粒外围的水分。

8.5　表面改性设备

粉体的表面改性或表面处理技术主要包括表面改性方法、工艺、表面改性剂及其配方、表面改性设备等，其中在表面改性工艺和改性剂配方确定的情况下，表面改性设备就成为影响粉体表面改性或表面处理效果的关键因素。表面改性设备性能的优劣，不在于其转速的高低或结构复杂与否，关键在于以下基本工艺特性：

（1）对粉体及表面改性剂的分散性；

（2）使粉体与表面改性剂的接触或作用的机会；

（3）改性温度和停留时间；

（4）单位产品的能耗和磨耗；

（5）粉尘污染；

（6）设备的运转状态。

高性能的表面改性机应能够使粉体及表面改性剂的分散性好、粉体与表面改性剂的接触或作用机会均等，以达到均匀的单分层吸附、减少改性剂用量。同时能方便调节改性温度和反应或停留时间，以达到牢固包覆和使溶剂或稀释剂完全蒸发（如果使用了溶剂或稀释剂）。此外，单位产品能耗和磨耗应较低，无粉尘污染（粉体外溢不仅污染环境，恶化工作条件，而且损失物料，增加了生产成本），设备操作简便，运行平稳。

在铝粉表面改性过程中，常用的改性设备有球磨机、振动磨、搅拌磨等研磨设备和捏合机、抛光机等。球磨机在前面章节已经做了详细介绍，这里不再重复。这里仅对捏合机、抛光机做简单介绍。

8.5.1 捏合机

捏合就是使多组分非均态的各种组分转变为多项均态的物料。捏合机是由一对不同速度的搅拌轴的相对运动，实现产品的粉碎、搅拌、烘干、捏合于一体的机械设备。以噪声小、造粒好、效益高、结构合理、使用方便、安装便利等特点，被广泛地用于聚合物类产品、高分子化工产品及各种颜料的生产。

捏合机主要由不锈钢壳体，快搅拌（桨）轴、慢搅拌（桨）轴、摆线针轮减速机、液压翻缸卸料机组、螺旋卸料输送系统和齿轮组底盘构成，如图8-5所示。捏合机有鞍型底钢槽的混合室，一对反向旋转的搅拌器，搅拌器的形状有S形和Z形，速比为1:2，转速为20~40r/min。有先进的双液压翻缸及螺旋输送两种卸料方式，采用了分体组装结构及蒸汽加热、油加热、电加热三种加热方式。该机搅拌桨轴及缸体内壁选用不锈钢材料制成，具有耐腐蚀、不生锈等特点。

图8-5 捏合机内外部结构图

捏合机工作时，要求尽可能加大各组分的接触面积，通常以提高转速和促进物料的翻转运动，以强烈、高效混合来完成工艺过程。卧式筒体内两根搅拌轴等速反向旋转，搅拌轴上特殊布置的桨叶确保物料径向、环向、轴向三向运动，形成复合循环，在极短的时间内达到均匀混合，并在筒盖上配置雾化喷嘴做固液混合使用。

8.5.2 抛光机

在生产涂料用铝粉时，为了提高产品的表面光亮性能，提高附着率，通常采用抛光过程对产品表面进行处理。抛光是为了使油脂均匀分布在颗粒表面，以利于分散和保存；去掉粒子表面和边缘的毛刺和卷边，使其呈现理想的金属光泽，以改善涂料铝粉（膏）的表面装饰性质；可以将装入内部的铝粉（膏）按粒度和色度进行混匀。抛光过程属于铝粉的机械力化学改性。

抛光原理一般来说可归为三类：渐细刮擦原理，使用越来越小的刮擦处理来除去外表面擦痕，直到肉眼看不到擦痕为止；流体原理，外表面变形并流动，从而填充表面使其平坦；化学抛光原理，通过化学反应除去表面原子。铝粉抛光时，要在抛光机中按一定比例加入铝粉和硬脂酸，抛光一定时间（一般 6 ~ 8h）后由卸料口排出。

抛光机大都采用滚筒式，对于铝粉的抛光过程，目前有两种形式的抛光机，一种是带有毛刷的金属圆筒抛光机；一种是八角形抛光机。

带有毛刷的金属圆筒抛光机是由波纹钢制成的两端带有端盖的金属圆筒，如图 8-6 所示。抛光机内部横向装有一根空心轴，轴的两端安有密封轴承。在中轴上均匀安装 4 ~ 8 把刷子，刷子

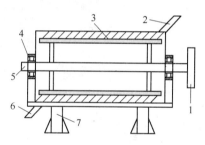

图 8-6 毛刷抛光机
1—皮带轮；2—给料口；3—刷子；4—轴承；
5—轴；6—卸料口；7—基座

是由马尾或猪鬃制作，刷子与筒壁的距离可调。通过调整刷子与筒壁的间隙，改变刷子对铝粉抛光的压紧程度，进而改变抛光效果。抛光机运转时，内部充满氮气，氧含量控制在 2% ~ 8%，并保持一定的气体压力，在 100 ~ 1500Pa 之间，刷子转速为 50 ~ 75r/min。

八角形抛光机如图 8-7 所示，内装滚珠、不锈钢球和其他磨球，工作时滚筒高速（12000r/min）旋转，能将附于筒壁的粉体抛洒到筒体中心部位，增加了粉体受挤压、碰撞和摩擦的几率，从而提高了抛

光效果。采用水平式回转桶，桶内壁有无披覆内衬，其功能就不同。内桶覆 PU 胶，可耐酸碱、耐磨，又可防止工件碰撞；桶内无披覆内衬，适合钢珠或钢铁制品，因加强了切削力，可产生更大效果。桶身可任意回转，有适当的斜度，所以下料方便。

图 8-7　八角形抛光机

9 铝粉的脱水（固液分离）

铝粉的固液分离过程是指在湿磨工艺中，对已进行粒度分级的铝粉浆采取的进一步浓缩的过程，是干燥过程的前期准备过程。铝粉浆固液分离过程有浓密和过滤两种加工方式，固液分离后得到的产品为铝粉膏，固体含量在60%~65%。

9.1 浓密

浓密是指把较稀的料浆浓缩为较浓的料浆的过程。料浆浓密的过程可以依靠重力沉降、离心沉降的方法达到。关于重力沉降和离心沉降的工作原理在第7章有详细介绍，这里不再重复。铝粉浆的浓密过程常用离心沉降设备旋液分离器（水力旋流器）完成。

9.2 过滤

过滤是采用多孔隙的介质（即过滤介质，例如滤布）进行固-液分离的方法，在过滤介质两边的压力差作用下，液体通过过滤介质成为滤液（清液），全部固体颗粒留在过滤介质上成为滤饼。过滤可以得到含水较少的滤饼和不含固体的滤液。与其他固液分离方法比较，过滤不能按固体颗粒的粒度分级，但是消耗能量比较少。由于过滤介质的孔隙容易被固体细颗粒阻塞，因此过滤方法比较适合固体颗粒的粒度较大或固体含量较少的浆体。

9.2.1 过滤的基本原理

在过滤过程中，不仅过滤介质在起过滤作用，而且过滤过程逐渐形成的滤饼也对后续的固液混合物（悬浮液或浆体）起过滤作用。尽管过滤理论是十分复杂的，也不能作为设计的唯一依据，但是在探索最佳过滤条件的试验中，某些简化的理论还是可以用来解释试验结果或预测操作条件变化后的过滤效果。

当滤饼层内的液体流动为黏滞流（小于 1mm/s）时，滤饼过滤的速率方程为：

$$\frac{\mathrm{d}V}{A\mathrm{d}t} = \frac{\mathrm{d}v}{\mathrm{d}t} = \frac{p}{\mu(R_c + R_m)} \tag{9-1}$$

式中　V——过滤时间 t 得到的全部滤液量，m^3；

　　　　t——过滤时间，s；

　　　　A——过滤面积，m^2；

　　　　v——单位过滤面积所得的滤液量，$v = V/A$，m^3/m^2；

　　　　p——过滤压力，Pa；

　　　　μ——液体黏度，Pa·s；

　　　　R_c——单位过滤面积的滤饼阻力，1/m；

　　　　R_m——单位过滤面积的过滤介质阻力，1/m；

$$R_m = a(p - p_m)^b \approx ap^b \tag{9-2}$$

　　　　p_m——过滤介质本身的压差，但是 p_m 远小于 p；

　　a、b——实验常数。

单位过滤面积的滤饼阻力 R_c 与单位过滤面积的滤饼质量 w 成正比：

$$R_c = a_c W/A = a_c w \tag{9-3}$$

式中　W——全部滤饼质量，kg；

　　　　w——单位过滤面积的滤饼质量，kg/m^2；

　　　　a_c——Ruth 平均过滤比阻，m/kg。

可以按照 a_c 的值判断物料（悬浮液或浆体）过滤的难易程度：

$a_c \leqslant 10^{11} m/kg$，为容易过滤的物料；

$a_c = 10^{12} \sim 10^{13} m/kg$，为过滤性能中等的物料；

$a_c > 10^{13} m/kg$，为难过滤的物料。

单位过滤面积的滤饼阻力 R_c 也与滤饼厚度 L 成正比：

$$R_c = a'_c L \tag{9-4}$$

式中　L——滤饼厚度，m；

　　　　a'_c——Lewis 平均过滤比阻，$1/m^2$。

$$a'_c = a_c \rho_s (1 - \varepsilon) \tag{9-5}$$

式中 ρ_s——滤饼密度，kg/m^3；

ε——滤饼平均孔隙率，%。

由于过滤时滤饼的厚度随过滤时间的增加而增加，过滤阻力随之增加，过滤速度逐步下降，因此，一般都采用恒压过滤。

按照式9-1，如果单位过滤面积的过滤介质阻力 R_m，用假设的单位过滤面积固体质量为 w_m（kg/m^2）的滤饼层产生的相当阻力代替，并假设 w_m 是由单位过滤面积的滤液量 v_m（m^3/m^2）所产生的滤饼，则按照物料恒定原理计算：

$$w_m = v_m \rho s (1 - ms) \tag{9-6}$$

式中 ρ——滤液密度，kg/m^3；

s——以单位质量滤浆中含有的固体质量表示的浓度；

m——滤饼的湿干质量比。

把式9-6代入式9-1得：

$$\frac{\mathrm{d}t}{\mathrm{d}v} = \frac{p(1 - ms)}{\mu \rho s a_c (v + v_m)} \tag{9-7}$$

恒压过滤时，过滤压力 p 不变，滤饼的平均过滤比阻 a_c 和湿干质量比 m 为常数，对上式积分，得 Ruth 恒压过滤速率方程式：

$$(v + v_m)^2 = k(t + t_m) \tag{9-8}$$

式中 t_m——得到 w_m 的假设过滤时间，s；

k——Ruth 恒压过滤系数，$k = \dfrac{2p(1 - ms)}{\mu \rho s a_c}$，$m^2/s$。

由此可见，在恒压过滤时，单位过滤面积的滤液量 v 与过滤时间 t 的关系是一个抛物线方程。

由于细颗粒容易阻塞滤孔，矿浆的固体粒度组成对过滤速度有很大的影响。增加过滤介质两边的压差（增加真空度或加压）可以增加过滤速度，但是也会使滤饼压缩，降低滤饼的渗透性。在过滤前加絮凝剂可以避免细颗粒阻塞滤孔，改善滤饼的渗透性，但是会使滤饼的含水量增加。提高温度，有利于降低矿浆黏度，对提高过滤速度有利。总之，影响过滤速度的因素很多，在实际应用时，还是应以实验结果为准。

9.2.2　过滤的方法和设备

常用的过滤方法有四种：重力过滤、真空过滤、加压过滤、离心过滤。

重力过滤，为深层滤床过滤。采用沉降的固体颗粒作为过滤介质，形成滤床或滤层，例如砂滤，被过滤的固液混合物中的固体颗粒沉积在粒状滤料床的内部。这种方法对固体颗粒小而少（固体含量小于1000mg/L）的溶液比较合适。

真空过滤，采用真空泵造成过滤介质（滤布）两边的压力差进行过滤。适用于液固比小而固体颗粒较细的浆体。

加压过滤，采用高压空气造成过滤介质（滤布）两边的压力差进行过滤。由于过滤过程对滤饼有压榨作用，可以得到含水很少的滤饼。这种方法对固体颗粒较细、黏而难过滤的物料比较合适。

离心过滤，利用离心力造成过滤介质（滤布）两边的压力差进行过滤。离心过滤的推动力强，分离速度比较快。

在铝合金粉料浆过滤中常用加压过滤和离心过滤工艺，使用板框压滤机和离心机作为过滤设备。

9.2.2.1　加压过滤机

加压过滤机是在过滤介质的一面施加高于大气压的压力，另一面保持常压的条件下进行过滤。对于难过滤的物料，用真空过滤机过滤难以达到需要的压力差和不能达到要求的过滤速度时，加压过滤是唯一可以采用的方法。用加压过滤机处理细颗粒的黏性物料有明显的优越性。加压过滤可以增加过滤速度，但是由于带压卸渣（滤饼）的困难，因此加压过滤机多数采用间歇（分批）操作。

板框压滤机是最简单和应用最广的一种加压过滤机，板框压滤机由滤板和滤框交替装配而成，如图9-1所

图9-1　板框压滤机

示。滤板的表面可以做成骨架形式，或者开槽，或者钻孔，作为滤液的通道；滤布安装在滤板的两面；滤框是中空的，浆体被加压进入滤框，在滤框中形成滤饼。滤板和滤框可以是方形，也可以是圆形；可以用木材制造，也可以用金属制造。板框压滤机的操作压力为400~2500kPa，一般为686kPa。

它的优点是：结构简单，价格便宜，生产能力的弹性大，滤饼的含水量比真空过滤机少。

它的缺点是：洗涤效率低，滤布损耗较多，装卸时劳动强度大。尽管已研制出自动板框压滤机，但只能在一次过滤过程实现连续操作，仍然需要间歇分批处理。

9.2.2.2　离心分离机

离心分离机是利用离心力分离液体与固体颗粒或液体与液体的混合物中各组分的机械，又称离心机，如图9-2所示。离心分离机主要用于排除铝粉浆中的液体，可称为离心过滤。离心过滤是使悬浮液在离心力场下产生的离心压力，作用在过滤介质上，使液体通过过滤介质成为滤液，而固体颗粒被截留在过滤介质表面，从而实现液-固分离。

衡量离心分离机分离性能的重要指标是分离因数，它表示被分离物料在转鼓内所受的

图9-2　离心分离机

离心力与其重力的比值。通常分离因数越大，分离也越迅速，分离效果越好。工业用离心分离机的分离因数一般为100~20000。超速管式分离机的分离因数可高达62000，分析用超速分离机的分离因数最高达610000。决定离心分离机处理能力的另一因素是转鼓的工作面积，工作面积大，处理能力也大。过滤离心机和沉降离心机，主要依靠加大转鼓直径来扩大转鼓圆周上的工作面；分离机除转鼓圆周壁

外，还有附加工作面，如碟式分离机的碟片和室式分离机的内筒，能显著增大沉降工作面。此外，悬浮液中固体颗粒越细，分离越困难，滤液或分离液中带走的细颗粒会增加，在这种情况下，离心分离机需要有较高的分离因数才能有效地分离。悬浮液中液体黏度大时，分离速度减慢。悬浮液或乳浊液各组分的密度差大，对离心沉降有利，而悬浮液离心过滤则不要求各组分有密度差。

选择离心分离机，需根据悬浮液（或乳浊液）中固体颗粒的大小和浓度、固体与液体（或两种液体）的密度差、液体黏度、滤渣（或沉渣）的特性以及分离的要求等进行综合分析。满足对滤渣（沉渣）含湿量和滤液（分离液）澄清度的要求，初步选择采用哪一类离心分离机。然后按处理量和对操作的自动化要求，确定离心机的类型和规格，最后经实际试验验证。通常，对含有粒度大于 0.01mm 颗粒的悬浮液，可选用过滤离心机；对悬浮液中颗粒细小或可压缩变形的，则宜选用沉降离心机；对悬浮液含固体量少、颗粒微小和对液体澄清度要求高时，应选用离心分离机。

9.3 影响固液分离的主要因素

影响固液分离的主要因素有：

（1）固体颗粒的粒度和粒度分布。一般来说，固体颗粒的粒度越细，沉降的速度越慢，过滤的速度也越慢。因此，铝粉过粉碎或过分磨细对固液分离不利。

（2）料浆中的固体浓度。固液分离设备的大小和运营费用随进料浆中的固体浓度的增加而减少，应当尽可能提高处理料浆中的固体浓度。但是，进料浆中固体浓度的提高受到磨制条件和料浆输送的限制，以及料浆分级浓度的控制等因素的影响。因此，在一般情况下，控制浓密机进料浆中的固体浓度都小于 40%。

（3）液体的黏度。液体的黏度增加时，无论是固体的沉降速度还是液体的过滤速度都会降低。因此适当控制介质黏度对于固体沉降和液体过滤都是有利的。

10　铝粉的干燥

湿磨工艺加工的铝粉浆经固液分离后呈膏状，固体含量在60%~65%。根据后续的使用特点，有时需要不含或只含少量溶剂的铝粉，这样就必须对铝粉膏进行干燥处理。例如，湿磨法加工烟花用铝粉时，要经过干燥后的铝粉才能被用户接受使用。

干燥（drying）泛指从湿物料中除去水分或其他溶剂的各种操作，如在日常生活中将潮湿物料置于阳光下暴晒以除去水分，工业上用硅胶、石灰、浓硫酸等除去空气、工业气体或有机液体中的水分。在化工生产中，干燥通常指用热空气、烟道气以及红外线等加热湿固体物料，使其中所含的水分或溶剂气化而除去。干燥是一种属于热质传递过程的单元操作。干燥的目的是使物料便于贮存、运输和使用，或满足进一步加工的需要。

10.1　干燥原理

铝粉膏中的溶剂干燥原理与水分干燥相同，下面以含水物质的干燥为例进行说明。在一定温度下，任何含水的湿物料都有一定的蒸汽压，当此蒸汽压大于周围气体中的水汽分压时，水分将汽化。汽化所需热量，或来自周围热气体，或由其他热源通过辐射、热传导提供。含水物料的蒸汽压与水分在物料中存在的方式有关。

物料所含的水分，通常分为非结合水和结合水。非结合水是附着在固体表面和孔隙中的水分，它的蒸汽压与纯水相同。非结合水分包括存在于物料表面的润湿水、孔隙水等，即物料与水分直接接触时，被物料吸收的水分。由于非结合水与物料的结合强度小，故易于去除。

结合水与固体间存在某种物理的或化学的作用力，汽化时不但要克服水分子间的作用力，还需克服水分子与固体间结合的作用力，其蒸汽压低于纯水，且与水分含量有关。结合水分包括物料细胞或纤维管壁及毛细管中所含的水分，这种水分又可细分为化学结合水、物理化学结合水和机械结合水，其中，化学结合水主要包括结晶水，结合强度大，故难以去除。脱去结晶水的过程不属于干燥过程；物理化学结合水包括吸附、渗透和结合的水分；吸附水与物料的结合最强，水分既可被物料的外表面吸附，也可吸附于物料的内部表面；在吸附水分结合时有热量放出，脱去时则需吸收热量。渗透水分与物料的结合是由于物料组织壁的内外溶解物的浓度有差异而产生的渗透压所造成，结合强度相对弱小，结构水分存在于物料组织内部，在胶体形成时将水结合在内，蒸发、外压或组织的破坏可将此类水分离解；机械结合水分包括毛细管水分等，毛细管水分存在于纤维或微小颗粒成团的湿物料中，它与物料的结合强度较弱。

　　在一定温度下，物料的水分蒸汽压 p 同物料含水量 x（每千克绝对干物料所含水分的千克数）间的关系曲线称为平衡蒸汽压曲线，如图 10-1 所示，一般由实验测定。当湿物料与同温度的气流接触时，物料的含水量和蒸汽压下降，系统达到平衡时，物料所含的水分蒸汽压与气体中的水汽分压相等，相应的物料含水量 x^* 称为平衡水分。平衡水分取决于物料性质、结构以及与之接触的气体的温度和湿度。胶体和细胞质物料的平衡水分一般较高，通过干燥操作能除去的水分，称为自由水分（即物料初始含水量 x_1 与 x^* 之差）。

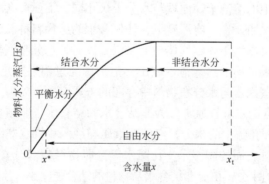

图 10-1　平衡蒸汽压曲线

10.2　湿物料的干燥过程

　　湿物料干燥的条件是干燥介质（通常为热空气）的流动速度、

湿度和温度。当热空气从湿物料表面稳定地流过时，由于空气的温度高，物料的温度低，因此空气与物料之间存在着传热，空气以对流的方式把热量传递给物料，物料接受了这些热量，用来气化其中的水分，并不断地被气流带走，从而物料的湿含量不断下降。当物料的湿含量下降到平衡水分时，干燥过程结束。

在物料干燥过程中，存在着传热和传质两个相互的过程，所谓传热就是热空气将热量传递给物料，用于气化其中的水分并加热物料；传质就是物料中的水分蒸发并迁移到热空气中，使物料水分逐渐降低，得到干燥。

在干燥过程中，由于物料总是具有一定的几何尺寸大小，即使是很细的粉料，从微观也可看成是有一定尺寸的颗粒。实际上，上述传热传质过程在热气流与物料颗粒之间和物料颗粒内部的机制是不相同的。在干燥理论上，就将传热传质过程分为热气流与物料表面的传热传质过程和物料内部的传热传质过程。由于这两种过程的不同而影响了物料的干燥过程，两者在不同干燥阶段起着不同的主导和约束作用，这就导致了一般湿物料干燥时，前一阶段总是以较快且稳定的速度进行，而后一阶段则是以越来越慢的速度进行，所以我们就将干燥过程分为等速干燥阶段和降速干燥阶段。将湿物料置于温度、湿度和气速都恒定的气流中，物料中的水分将逐渐降低。由实验可测得干燥速率 N 与物料含水量 x 的关系曲线，此曲线称为干燥速率曲线，如图 10-2

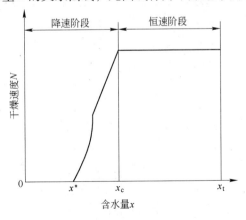

图 10-2　干燥速率曲线

所示。干燥速率为单位时间内单位物料表面汽化的水量。

从图 10-2 示的干燥速率曲线可知：等速干燥和降速干燥两个阶段，分界点的含水量称为临界含水量 x_c。临界含水量不仅取决于物料的性质和结构，还与气速、温度和湿度以及干燥器的类型有关。

在等速干燥段内，物料内部水分扩散至表面的速度，可以使物料表面保持充分的湿润，即表面的湿含量大于干燥介质的最大吸湿能力，所以干燥速度取决于表面气化速度。换句话说，等速段是受气化控制的阶段，由于干燥条件（气流温度、湿度、速度）基本保持不变，所以干燥脱水速度也基本一致，故称为等速干燥阶段，此一阶段热气流与物料表面之间的传热传质过程起着主导作用。因此，提高气流速度和温度，降低空气湿度就利于提高等速阶段的干燥速度。等速阶段物料吸收的热量几乎全部都用于蒸发水分，物料很少升温，故热效率很高。可以说等速段内的脱水是较容易的，所去除的水分，纯属非结合水分。

随着物料的水分含量不断降低，物料内部水分的迁移速度小于物料表面的气化速度，干燥过程受物料内部传热传质作用的制约，干燥的速度越来越慢，此阶段称为降速干燥阶段。降速段的干燥速率与物料的湿含量有关，湿含量越低，干燥速率越小；降速段的干燥速率与物料的厚度或直径很有关系，厚度越大，干燥速率越小；当降速阶段开始以后，由于干燥速率逐渐减小，空气传给物料的热量，除作为气化水分用之外，尚有一部分将使物料的温度升高，直至最后接近于空气的温度；降速段的水分在物料内部进行气化，然后以蒸汽的形态扩散至表面，所以降速阶段的干燥速率完全取决于水分和蒸汽在物料内部的扩散速度。因此也把降速段称作内部扩散控制阶段；在降速阶段，提高干燥速度的关键不再是改善干燥介质的条件，而是提高物料内部湿分扩散速度的问题。提高物料的温度，减小物料的厚度都是很有效的办法。

相对等速干燥阶段，降速阶段的干燥脱水要困难得多，能耗也要高得多，所以为了提高干燥速度，降低能耗，保证产品品质，在生产工艺允许的情况下，应尽可能采取打散、破碎、切短等方法减小物料的几何尺寸，以有利于干燥过程的进行。

10.3 干燥方法

我们常说的干燥也就是加热干燥法。除去物料中的水分需要消耗一定的热能，干燥就是利用热能加热物料，汽化物料中的水分。通常是利用空气来干燥物料，空气预先被加热后送入干燥器，将热量传递给物料；气化物料中的水分，形成水蒸气，并随空气带出干燥器。物料经过加热干燥，能够除去物料中的结合水分，达到产品或原料所要求的含水率。根据热量的供应方式，有四种干燥类型：对流干燥、传导干燥、辐射干燥和介电加热干燥。

对流干燥，使热空气或烟道气与湿物料直接接触，依靠对流传热向物料供热，水汽则由气流带走。对流干燥在生产中应用最广，它包括气流干燥、喷雾干燥、流化干燥、回转圆筒干燥和厢式干燥等。

传导干燥，湿物料与加热壁面直接接触，热量靠热传导由壁面传给湿物料，水汽靠抽气装置排出。它包括滚筒干燥、冷冻干燥、真空耙式干燥等。

辐射干燥，热量以辐射传热方式投射到湿物料表面，被吸收后转化为热能，水汽靠抽气装置排出，如红外线干燥。

介电加热干燥，将湿物料置于高频电场内，依靠电能加热而使水分汽化，包括高频干燥、微波干燥。

在传导、辐射和介电加热这三类干燥方法中，物料受热与带走水汽的气流无关，必要时物料可不与空气接触。

10.4 干燥设备选型

干燥设备的选型合理和使用好坏直接影响到产品质量、生产效率、生产成本、能源消耗、人员劳动强度等指标。由于干燥方法和干燥设备多种多样，同一种物料有多种干燥方式，可使用多种类型的干燥设备；同一种干燥设备又能干燥多种物料。因此，干燥设备的合理选型和正确使用是非常重要的。为了便于用户选择一种理想的干燥设备，在此对一些相关问题做简要说明。

由于干燥过程中湿物料的种类很多，干燥特性又差别很大，所以需要不同类型的干燥方法和设备，这样就带来了干燥方法和设备的选型问题。如果选择不当，就必然会带来设备投资过大，或操作费用上升，或产品质量不符合要求，在极端情况下导致不能操作运行。所以，必须对选型问题给予足够的重视。

10.4.1 干燥机选型注意事项

10.4.1.1 物料形态

干燥设备选型主要是根据被干燥物料的形态来确定，物料形态不仅决定其干燥方式，同时对干燥机的干燥效率，干燥质量，干燥均匀性及进、出料装置等都有很大的影响，所以，如工艺允许，对被干燥的物料应尽可能采取粉碎、筛分、切短等预处理。因此，干燥处理不仅仅是一个合理选择设备的问题，还应该制定科学的干燥工艺，才能达到满意的效果。

10.4.1.2 热源的选择

作为干燥设备配套的热源设备很多，通常是按消耗的燃料来分类，有燃煤、燃油、燃气、电力等。按换热情况又可分为干燥介质直接加热和间接加热。

譬如锅炉加热水形成水蒸气，水蒸气再通过散热器加热干燥介质，这就是二次间接加热。这种方式总的热效率很低，仅40%左右，在某些工厂生产中有多处用热点，为便于集中供热和管理，采用这种方式的较多。

燃煤热风炉有间接加热的和直接用燃烧烟气作干燥介质的（直火炉）。间接加热的热空气清洁干净，热效率在60%～70%；而直接加热的因受烟尘的污染而影响产品质量，但热能利用很充分，热效率很高，对干燥时物料中混入少量烟尘而无影响时，可优先采用。目前使用油燃烧器越来越多，具有操作简便、升温迅速、温度稳定、控制方便的优点，且使用成本较低。

热源选择合理与否影响很大，涉及到设备的投资费用、热风温度、物料的干燥质量、干燥成本、环境保护、人员劳动强度、自动控制水平等。

10.4.1.3 关于干燥设备的保温

干燥设备的保温投入费用不高，但干燥机的热效率一般可以提高

10%～30%，所以应引起足够的重视。

10.4.1.4 排出物料的回收

所有的干燥设备都有排湿口，特别是采用热风干燥方式，排湿口或多或少总会夹带一些超细粉末物料。对一些价值较高或排放量有限制的物质，物料的回收显得格外重要。物料的回收有专门的装置，在干燥系统中，对干燥机的工作参数有影响，在设备选型时要一并考虑。

10.4.2 影响干燥机生产能力的因素

对于同种干燥方法，干燥脱水1kg所消耗的热能基本一致，而干燥机的配套热源（热风炉、蒸汽散热器等）的容量也是一定的，因此干燥机的主要技术指标——干燥能力往往以每小时的脱水量（或最大脱水量）为依据。此指标是在一定条件下测定的，如湿物料种类、初始含水率、最终含水率、热风温度、环境温湿度等，其中只要有一个条件发生变化，对干燥机生产能力就都有影响，有时影响还较大，下面分别说明。

10.4.2.1 湿物料种类

湿物料种类在这里是指物料与水分的结合形式。湿物料可以分为：（1）毛细管多孔物料，水分主要靠毛细管力结合在物料中，如砂子、二氧化硅、活性炭、素烧陶瓷等，水分与物料的结合强度较小，干燥较容易；（2）胶体物料，水分与物料的渗透结合形式占主导地位，如胶、面粉团等，这种物料一般表现为黏度大，水分与物料的结合强度较大，干燥较困难；（3）毛细管多孔胶体物料，则具有以上两类物质的性质，如泥煤、黏土、木材、织物、谷物、皮革等，这类物料种类最多，但此类物料之间的水分结合形式也有差别，即使在同等条件下脱水的难易程度也不相同。

物料的形态对干燥也有很大的影响，如颗粒物料，颗粒大比颗粒小难干燥；而大块料，厚度小比厚度大容易干燥。

10.4.2.2 湿物料含水率

含水率（湿含量）是湿物料的含水量（质量分数）。初始含水率是指进入干燥机之前湿物料的含水量。通常是湿物料只要能在干燥机内工作，初始含水率越高，干燥机所表现出来的脱水能力就发挥得越充分。反过来说，初始含水率越高，最终含水率一定时，干燥机越能达到最大脱水能力，但出干料量反而下降。

在不同初始含水率情况下，湿料含水率增加，干燥机干燥能力（脱水能力）保持不变时，实际生产干料产量会相应下降很多，这是干燥机选型和使用时应特别注意的。

10.4.2.3　最终含水率

一般干燥后段均处于降速干燥阶段，要求最终含水率越低，干燥难度就越大，所需干燥时间越长，热效率也越低，因此影响产量。

10.4.2.4　热风温度

热风温度或称干燥介质温度，是干燥中最敏感的一个条件。热风温度越高，所含热能越多，同时热风的相对湿度也越低，吸收水分、携带水分的能力也越强，非常有利于干燥，而且干燥热效率也很高。在许多干燥设备中，当其他条件不变，干燥机的脱水能力基本与热风温度的变化成正比。在选择干燥设备时，一定要对破坏物料的极限温度有充分的数据，在物料允许的情况下，尽量选择高温介质。特别应注意的是，许多种干燥方法，特别是快速干燥，干燥后的物料温度大大低于干燥介质温度，例如气流干燥机热风温度虽然高达 250℃ 以上，但出料温度一般均在 60℃ 以下。

10.4.2.5　环境温湿度

环境温湿度主要是指天气的变化对干燥的影响，一般干燥机都是以大气加热作干燥介质的，大气的温度越高，湿度越低，就越有利于干燥。南方春夏季，多雨而潮湿，空气湿度很大，不利于干燥机能力的发挥，影响产量。

我国幅员辽阔，南北方空气湿度相差很大。在南方某些地方，冬季每千克绝干空气的湿度仅为 $0.008kg\ H_2O$，而到春夏季，其每千克绝干空气的湿度却高达 $0.025kg\ H_2O$，是前者的三倍多。因此，较低排气温度（低于 90℃）下操作的热风干燥，在春夏季时大气湿度增高，其干燥速率必然下降，而所需的时间将增加。由于大气湿度的增高，物料的平衡水含量亦必然上升，这些因素均将使干燥产量下降，在某些情况下会使产量下降 50% 以上。

10.4.3　干燥设备选型计算

10.4.3.1　物料含水率

物料含水率：

$$m = \frac{W \times 100}{G} \times \% = \frac{W \times 100}{G_0 + W} \times \% \qquad (10\text{-}1)$$

式中　m——含水率，%；

　　　W——水分质量，kg；

　　　G——湿物料质量，kg；

　　　G_0——绝干物料质量，kg。

10.4.3.2　干燥脱水量

不计干燥中物料的损耗（一般仅有尾气中带有很微量的超细粉末，可以忽略不计），则：

干燥前湿物料中绝干物质质量 = 干燥后干物料中绝干物质质量，即：

$$G_1 \times (1 - m_1) = G_2 \times (1 - m_2) \qquad (10\text{-}2)$$

式中　G_1——湿物料产量，kg/h；

　　　G_2——干燥后物料产量，kg/h；

　　　m_1——湿物料含水率，%；

　　　m_2——干燥后物料含水率，%。

上式中，G_2、m_1、m_2 均为已知，可计算得出 G_1，那么干燥脱水量 W_0（kg/h）为：

$$W_0 = G_1 - G_2 \qquad (10\text{-}3)$$

前面已介绍，干燥机的生产能力受物料种类、形状、初始含水率变动、热风温度、环境空气温湿度等很多因素的影响，为了确保干燥生产能力稳定正常，一般应该将计算的干燥脱水量放大 20% ~ 30% 来进行干燥机选型，即：

选用干燥机脱水量 = W_0（计算干燥脱水量）× (1.2 ~ 1.3) 否则，因受前述因素的影响，就可能造成有时生产能力达不到预计的产量，而影响全生产线的正常生产。

干燥设备选型时，首先应按湿物料的形态对干燥机机型进行初选，而后根据处理量的大小计算出所需小时脱水量，并放大 20%～30% 来确定干燥机脱水量。另外还须考虑自身生产条件、投资大小、工人素质、卫生要求等，选择操作方式（连续或间接）、热源（蒸汽散热器、热风炉、油燃烧等）、设备材质（普通碳钢、铝材、不锈钢）等。

10.5　干燥操作的评价

评价干燥操作的指标，主要是干燥产品质量和干燥操作的经济性。干燥产品的质量指标，不仅是产品的含水量，还有各种工艺要求。例如：铝粉等热敏性物料的干燥要求不变质，活性不降低等。

干燥是能量消耗很大的操作，单位产品所消耗的能量，是衡量经济性的一个指标。对于对流干燥，热量的利用通常用热效率来衡量。干燥操作的热效率，是指用于水分汽化和物料升温所耗的热量占干燥总热耗的百分率。提高热效率的途径，除了减少设备热损失外，主要是降低废气带走的热量。为此应尽量降低气流的出口温度，或设置中间加热器以减少气体的用量。衡量干燥操作经济性的另一指标是干燥器的生产强度，即单位干燥器体积或单位干燥面积所汽化的水量或生产的产品量，为此应设法提高干燥速率。

干燥操作的成功与否，主要取决于干燥方法和干燥器的选择是否适当。要根据湿物料的性质、结构以及对干燥产品的质量要求，比较各种干燥方法和设备的特性，并参照工业实践的经验，才能做出正确的决定。

10.6　干燥设备

干燥设备分直接加热干燥和间接加热干燥、间歇干燥和连续干燥、真空干燥和常压干燥，也可按设备形状和操作特性分类。适用于铝粉干燥的有箱式干燥机、双锥回转真空干燥机、真空耙式干燥机等。下面对这三种干燥设备做简单介绍。

10.6.1 箱式干燥机

箱式干燥机适用于医药、化工、食品、电子、中药等行业的热敏性物料干燥。一般应用于真空干燥工艺中，真空干燥是将干燥物料处于真空条件下进行加热干燥。它是利用真空泵进行抽气抽湿，使工作室内形成真空状态，加快了干燥速度。箱式干燥机外观见图10-3，结构示意图见图10-4。

图 10-3 箱式干燥机

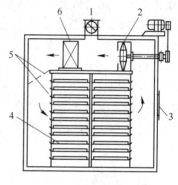

图 10-4 箱式干燥机结构示意图
1—排气口；2—风机；3—进气口；
4—托盘；5—分流板；
6—空气加热器

箱式真空干燥有在较低温度下得到较高的干燥速率，热量利用充分；能低温干燥或干燥热敏性物料；能干燥含有溶剂及需回收溶剂的物料；在干燥前可进行清除杂质处理，干燥过程中任何不纯物均无混入；属静态真空干燥器，干燥物料的形体不会损坏等优点及粉体易团聚、分散性差的缺点。

10.6.2 双锥回转真空干燥机

双锥回转真空干燥机机体为双锥形的回转罐体，内胆采用不锈钢或碳钢搪玻璃（工业搪瓷）制成。夹套通入热水、低压蒸汽或导热油，对内胆加温，热量通过内胆壁传导至湿物料，使湿物料中的水分（溶剂）气化。罐体内处于真空状态，蒸汽压下降使物料表面的水分

（溶剂）达到饱和状态而蒸发掉，并由真空泵及时排出回收，加快了物料干燥速率。在动力驱动下，罐体做缓慢旋转，罐内物料不断地上下、内外翻动更换受热面，最终达到均匀干燥目的。物料处于真空状态，物料内部的水分（溶剂）不断地向表面渗透、蒸发、排出，三个过程不断进行，物料在很短时间内达到干燥。图 10-5 为双锥回转真空干燥机的外形图，图 10-6 为双锥回转干燥机的结构图。双锥回转真空干燥机的用途和特点：（1）适用于制药、化工、食品、染料、冶金粉末等行业粉粒物料的干燥；（2）该机结构紧凑、运转平衡、操作简便、减轻劳动强度、节省劳力；（3）由于在真空状态下操作，较低温度下有较大的干燥速率，节约能源，热利用率高；（4）密闭干燥，适用于遇氧气而有危险的物料，对一般物料也可减少漏损和杂质混入的机会，可获得较高纯度的产品；（5）本机尤其适用热敏性物料干燥，对含有溶剂或有毒气体的物料，在干燥时很方便收集这些气体；（6）可以将物料干燥到很低的含水量，且干燥均匀、质量好。

图 10-5　双锥回转真空干燥机

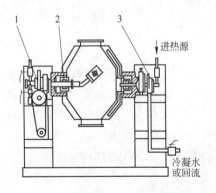

图 10-6　双锥回转干燥机结构图

1、2、3—密封座

10.6.3　真空耙式干燥机

真空耙式干燥机在化学工业，特别是在有机半成品和染料制造工业中得到广泛应用。采用蒸汽、导热油、热水之一作为介质进入夹套间接加热物料，在真空状态下抽湿，因此特别适用于耐高温和在高温

下容易氧化的物料干燥，以及在干燥过程中容易产生粉尘及溶剂需要回收的物料干燥。

被干燥物料从壳体上方正中间加入，在不断正反转动的耙齿的搅拌下，物料沿轴向来回运动，与壳体内壁接触的表面不断更新，受到蒸汽的间接加热。耙齿的均匀搅拌，粉碎棒的粉碎，使物料内的水分气化，在真空系统的作用下，使被干燥物料内部水分更有利地排出，气化的水分经干式除尘器、湿式除尘器、冷凝器，从真空泵出口处放空。

真空耙式干燥机具有结构简单、操作方便、使用周期长、性能稳定可靠、蒸汽耗量小、适用性强、产品质量好的特点，特别适用于不耐高温、易燃、高温下易氧化的膏状物料的干燥。经长期生产实践证明，对粉状、粉粒状、膏糊状、粘胶状乃至溶液等，都可在适当条件下进行高温或低温的干燥。真空耙式干燥机见图 10-7、图 10-8。

图 10-7 真空耙式干燥机

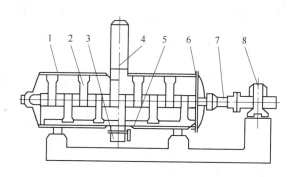

图 10-8 真空耙式干燥机结构图

1—壳体；2—耙齿；3—出料装置；4—加料装置；5—粉碎棒；
6—密封装置；7—搅拌轴；8—传动装置

11 铝粉的制备与加工

铝粉的制备按工艺过程的主要特征可划分为雾化法、研磨法、冲击粉碎法、气相沉积法。雾化法又分为空气雾化法、惰性气体雾化法、离心雾化法和水雾化法；研磨法分为干式研磨法和湿式研磨法。此外，离心雾化法和气相沉积法在工业化生产中应用较少，将不做详细介绍。制备铝粉的方法及产品特性见表11-1。

表 11-1 制备铝粉的方法及产品特性

制备方法		产品特性
雾化法	空气雾化	雾滴状，粒度较粗
	惰性气体雾化	准球形，粒度较细
	水雾化	粗大、不规则形状
	离心雾化	粒度较粗、准球形、针状、短纤维状
研磨法	干式研磨法	松散片状
	湿式研磨法	片状、黏稠浆体或较松散粉体
冲击粉碎法		多面体
气相沉积法		超细球形、类球形

11.1 雾化法

雾化法是以铝粉雾化过程为主，以筛分、分级为辅的铝粉加工过程。雾化法根据雾化介质的不同分为空气雾化法、惰性气体雾化法和水雾化法。铝粉在工业化生产中，常用空气雾化法和惰性气体雾化法这两种工艺。

11.1.1 空气雾化

铝锭或铝合金原料经熔铝炉加热熔化成金属液体状态，熔铝炉常用电阻反射炉、燃气炉、焦炭炉等。铝合金液体在空压机加压的高压空气吹送下经雾化器，雾化粉碎成小液滴，并在沉降器内冷却成细小颗粒，即铝粉。较粗粒级的铝粉从沉降器底端卸出，进入筛分料仓，进行筛分；较细粒级的铝粉在引风机的抽吸作用下，进入旋风集尘系统，富集后进入筛分。不同粒级的铝粉经筛分、搅拌混均，成为各种粒度的铝粉。根据用途的不同，进入相应的应用领域。空气雾化铝粉工艺流程如图 11-1 所示。

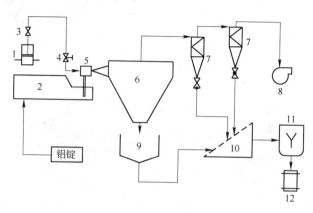

图 11-1　空气雾化铝粉工艺流程图

1—空气压缩机；2—熔铝炉；3—减压阀；4—控制阀；5—雾化器；
6—沉降器；7—旋风集尘器；8—引风机；9—料仓；
10—振动筛；11—搅拌器；12—铝粉包装桶

空气雾化铝粉的粒度、形状和粒级分布受铝液的温度、风压大小、雾化器的口径等因素影响。随熔体温度的升高、熔体黏性减弱、流动性增强，熔体易粉碎，产品粒度变细；风压越高、粉碎能量越大、射流和冲击力增大，铝粉粒度更细；雾化器的喷嘴口径越小、单位时间内流过的熔体越少、单位熔体的粉碎能量增大，铝粉的粒度变细。

空气雾化法喷制铝粉时，雾化器必须预热。铝液温度保持在 720~810℃，不能低于 690℃（工业纯铝的熔点为 655℃）。否则，铝液黏度增加，造成喷嘴堵塞，无法喷制；当风压过小或喷嘴口径偏大时，风压不足以把液柱粉碎，易出现"串溜子"现象；当雾化器密闭不严或喷嘴前端碎裂时，易引起反风，即出现"反喷"现象；当弯管或喷嘴内壁有积渣，熔体流出不畅时，易出现"打枪"现象。表 11-2 为空气雾化法喷制铝粉时的基本工艺参数。铝粉雾化系统见图 11-2。

表 11-2 喷铝粉基本工艺参数

类别	熔体温度/℃	喷粉风压/MPa	沉降器负压/Pa	沉降器内温度/℃
粗原粉	730 ± 40	0.8 ~ 2.0	≥200	≤200
细原粉	780 ± 40	1.2 ~ 2.5	≥200	≤200
特细粉	810 ± 40	1.8 ~ 3.0	≥400	≤200

图 11-2 铝粉雾化系统

在铝粉的筛分过程中，通过调整给料量可以调整产品的粒度分布。给料量越高，筛上产品中的细粒级越多，筛下产品粒级整体偏细，即铝粉的筛分效率下降。另外，通过调整筛机的倾斜角度（自定中心振动筛）、运动轨迹（旋振筛）等参数也可以得到不同的筛分效率。

11.1.2 惰性气体雾化工艺

惰性气体雾化工艺与空气雾化工艺相近，不同之处在于，惰性气体雾化工艺所用的惰性气体可循环再利用，其工艺流程见图 11-3 所示。

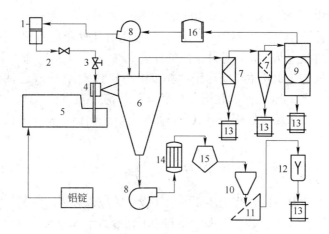

图 11-3 惰性气体雾化铝粉工艺流程图

1—气体压缩机；2—减压阀；3—控制阀；4—雾化器；5—熔铝炉；
6—沉降器；7—旋风集尘器；8—风机；9—布袋除尘器；
10—料仓；11—振动筛；12—搅拌器；13—铝粉
包装桶；14—列管式冷却器；15—微细粉
分级机；16—气压平衡罐

惰性气体雾化铝粉工艺中，一般采用氮气作为介质，这里以氮气雾化为例加以说明。合格的铝锭加入熔铝炉中熔化保温，或直接用 800℃ 的电解铝液。铝液在高压氮气的抽吸作用下通过雾化器雾化，粉碎成细小液滴，并迅速凝固成铝粉，沉降于雾化室底部。在高压风机的抽吸作用下，热铝粉经列管式冷却器冷却，进入离心式分级机，通过调整分级机叶轮转速，分离出不同粒度的铝粉。较粗粒级的铝粉经振动筛分级成不同规格的产品，细粒级铝粉经两级旋风分离器分离。最后的气体经布袋除尘器净化进入气压平衡罐内，一部分经压缩机加压后供雾化器使用，大部分气体经风管进入雾化室冷却铝粉。

采用氮气雾化生产微细铝粉，可根据需要生产微细球形铝粉或非微细球形铝粉；在氮气保护下，将雾化制粉、粉体冷却、粒度分级、气体输送、气体制备联为一体，形成封闭系统，生产过程安全；氮气回收再利用，降低了生产成本；采用高效离心和旋风式粒度分级机，一次可分离出多种不同粒度的铝粉，分级精度高；控制方式灵活，可采用集中自动控制，亦可采用现场控制；系统采用微正压（$p = 2 \sim 6Pa$），防止空气进入系统；设计中需采用有效的防电气火花、静电火花、机械火花，防止意外事故的发生。

氮气雾化铝粉主要应用于细粒级铝粉浆的磨制，要求其粒级小，控制在 $0 \sim 45 \mu m$ 之间，粒度分布窄，D_{50} 在较小范围内波动。在工艺过程中，多采用微细粉分级机进行精确分级，对微细粉分级机的控制尤为重要。

11.2 研磨法

研磨法是以磨机作为主要的加工设备，辅以分级、筛分等系统所组成的铝粉加工工艺。按加工介质的不同分为干式和湿式两种，干式研磨法是铝粉在氮气的保护下进行研磨的工艺方法；湿式研磨法是铝粉在石油烃类等有机液体的保护下研磨的加工方法。铝合金粉的加工工艺属于特殊加工工艺，下面将做进一步的介绍。

11.2.1 干式研磨工艺

铝与一般物料不同，属于塑性金属，又是活泼的碱性金属。干式研磨工艺生产出的铝粉为鳞片状，其径厚比在 40 以上，在一定粉尘浓度下，遇明火易发生爆炸，所以，在生产过程中要有氮气保护才能进行。铝在磨机内的粉碎过程可用图 11-4 所示。毛料铝粉经料仓和

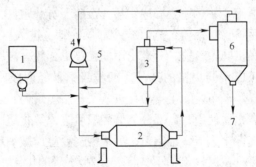

图 11-4 干式研磨铝粉工艺流程图

1—料仓；2—球磨机；3—旋风分离器；4—风机；

5—氮气；6—旋风集尘器；7—成品

给料机进入研磨系统，磨机研磨后的铝粉粒度形状发生变化，成为片状铝粉。在风机的吹送下，片状铝粉进入旋风分离器进行检查和分级。粗粒级铝粉从旋风分离器下端返回磨机重新研磨，细粒级的铝粉进入旋风收集器中净化沉积为产品卸出。含尘气体继续返回风机作为保护性气体使用，风机出口设有补氮口，可根据系统含氮量随时调整进氮量。

在干磨法生产铝粉的工艺中，根据产品的不同需要选用不同的添加剂。添加剂在球磨系统内主要起助磨作用和表面改性两方面的作用，它的添加量根据使用毛料的粒度大小以及所得产品的粒度及松装密度的不同而变化，加入量一般控制在 0.5% ~ 3% 之间。大多数铝粉是以硬脂酸作为添加剂，使铝粉具有疏水性。另外还有一些铝粉使用其他的添加剂，这些添加剂与硬脂酸在铝粉表面的吸附机制相似，使用它们是为了获得具有不同表面特性的铝粉，如烟花用铝粉、加气混凝土用铝粉、非浮型铝粉等。

由于铝的自氧化性，在磨制过程中产生自增重，使得在控制系统料量平衡上又产生了较大的困难。通过定期的料量调整，这一问题经多年的实践已找到了很好的解决办法。

影响磨制效率及产品质量的主要因素如下：

（1）磨机的长度和直径。

用球磨机磨制铝粉时，球磨机的长度和直径有很大的影响。除对产品磨细度的影响外，还对产品的性能和质量有影响。例如：涂料铝粉在油漆中应具有高的遮盖能力和浮起性，这两项要求很大程度上取决于铝粉颗粒的表面形状，所以为了得到光滑的、细密的、厚度最小、无裂纹的铝粉，需要制定合理的磨制制度。大直径的球磨机由于钢球的破碎作用（非研磨）而具有高的生产率，但所得到的颗粒表面碎裂粗糙；采用长度较大的球磨机，由于产品在球磨机内的滞留时间长，钢球的研磨作用时间长，可以保证铝粉的磨细度，但会造成铝粉氧化程度加重，颜色偏黑，影响外观质量。球磨机直径与长度之比在 3~5 之间时，钢球以破碎作用为主；当直径与长度之比小于 1 时，钢球以研磨作用为主。因此，在研磨铝粉时通常选用规格较小的，直径和长度比为 1:2 的球磨机。另外，经试验研究确定，球磨机的生产能力主要取决于球磨机的直径，球磨机的长度对生产能力的影响很小。因为球磨机的破碎过程主要发生在距离进料端 1 ~ 1.5m 处，所以要提高球磨机的生产能力，最好增大球磨机的直径而不是增加其长度。

（2）磨机转速。

前面第 5 章已经介绍过，磨机的转速与磨机直径、钢球大小、衬板形状等参数有一定的联系。在确定磨机转速时，不仅要考虑理论计算，还要考虑有关情况的影响。磨机的转速越小，所起的研磨作用越大，反之则冲击作用越大。铝粉的性能要求与普通矿石相比，研磨作用大于冲击作用。对于不同品种的铝粉，其研磨作用与冲击作用的比例也大不相同，松状密度要求越小的产品所需的研磨作用越多。对于直径为 1.5m 的球磨机，转速应控制在 24 ~ 28r/min 之间。

（3）衬板形状。

为了提高机械强度，降低机械杂质（铁）对产品的污染，球磨机的衬板材料一般选用锰钢。不同形状的衬板对钢球的提升力不同，钢球的抛落高度也就不同，对铝粉的冲击和研磨作用也不同，所以选择衬板的形状，对所生产产品的性能十分重要。由于在磨制铝粉时需加入一定量的油脂，在磨制中起到润滑作用，在不同程度上降低了衬板对钢球的提升作用，这也是我们选择衬板时要考虑的因素。在干法磨制铝粉工艺中，磨制低密度铝粉时，可以选用光面衬板；磨制高密度铝粉时，可选用带有压条的衬板，以增大对钢球的提升能力。但是由于很难保证磨机作为单一品种的专用设备使用，通常选用阶梯衬板作为通用型的衬板。

（4）研磨介质。

因为铝粉对粒度形状的要求较高，所以对研磨介质的要求也较高，通常选用抛光钢球作为研磨介质。钢球的堆密度影响着对铝粉的加工能力，钢球的堆密度越大，钢球与铝粉原料、衬板之间的接触面积越大，对铝粉的冲击作用和研磨作用越大，磨细度和生产率也就越高。磨机的装球量要比理论装球量少些，因为铝粉在磨制过程中，松装密度逐渐变小，体积不断膨胀，其体积变化的幅度较普通矿石大得很多，所以需要对依据普通矿石理论计算出的结果进行修正，一般选用 20% ~35% 的装球量。钢球直径大小的确定可以按理论公式进行计算。

（5）系统料量。

根据球磨机特点，料球比的最佳值应在 0.7 ~1.6 之间。铝粉的研磨过程是新生表面增加的过程，铝属于活泼金属，在高温的球磨系统内，很难保持稳定，其表面除了油脂包覆外，还要形成一层氧化膜（Al_2O_3）。一般情况下，铝粉的活性在 90% ~92%，也就是说，杂质和 Al_2O_3 的含量为 8% ~10%。铝粉的杂质主要包括：硬脂酸 2.0%，0.1% Cu，0.7% Fe，0.1% H_2O，0.7% Si，合计为 3.6%。那么，Al_2O_3 的含量为：（8 - 3.6）% =4.4%。在磨制铝粉时，1t 毛料内加入 25kg 硬脂酸，则 1t 产品所增加重量为：25 + 20.7 = 45.7（kg）。在实际生产中，每吨产品大约有 5 ~10kg 损耗。1t 产品实际增加量为 35 ~40kg。在生产过程中，必须按每出 1t 产品，少投料 35 ~40kg 来调整系统料量，否则就会出现"胀肚"现象。

（6）原料的选择。

原料的粒度分布和粒度形状对产品的性能有一定的影响，不同的产品需要不同的原料和研磨时间。对于需要较低松装密度的产品，可以选用粒度较粗的雾化原料；松装密度较大的产品，可以选用粒度较细的原料。对于产品粒度的粗细，由于铝的延展性能非常强，原料的粒度大小与产品粒度大小在一定范围内相关性较小。例如：用 $-140\mu m$ 的雾化铝粉毛料可以生产出 $-350\mu m$ 的产品，用 $-1000 ~+630\mu m$ 的毛料可以生产出 $-80\mu m$ 的产品。因此，针对不同性能的产品要制定不同的生产工艺和操作规程，要经过实验摸索，才能应用到规模生产之中。

（7）添加剂的影响。

添加剂除了使铝粉具有不同的表面特性外，作为润滑剂和保护膜的作用，对铝粉的磨制过程也具有很大的影响。添加剂的化学特性直接影响铝粉的化学性能，添加剂的熔点对磨制过程也具有较大的影响。在干磨工艺中，添加剂通常以固体块状的形式加入，其熔点直接影响着添加剂在铝粉中的分散时间和对铝粉润湿的时间。在研磨过程中，由于不同添加剂对铝粉的保护性和润湿性不同，铝粉的氧化程度和颗粒形状就会发生变化, 进而影响着铝粉粒度分布、松装密度等性能指标。在原料不变的条件下, 添加剂的加入量影响着产品的粒度、松装密度以及出料速度。在干磨系统中, 添加剂的加入量通常在3%左右。当加入量过高时, 会造成铝粉的过度研磨, 粒度偏细, 松装密度降低; 当加入量过低时, 由于包覆性不好, 造成产品粒度形状差, 松装密度升高, 粒度偏粗。在干式球磨工艺中, 由于目前国内铝粉研磨技术水平不高, 添加剂的控制一直是个难点, 因此应加强对国外技术的了解和学习。

（8）粉尘浓度。

研磨系统是一个闭路循环系统, 由于受旋风分离器检查分级的控制, 系统内的粉尘浓度直接影响着系统的稳定性。在生产实践中, 常由于粉尘浓度的过高造成分离器前段气压偏高, 返回料增多, 使铝粉过分研磨, 粒度变细。由于铝粉粒度变细, 加之浓度过高, 使颗粒间的团聚加重, 进一步造成返回料增多, 加重了系统的偏移。在系统控制中, 要特别注意粉尘浓度的影响。

11.2.2　湿式研磨工艺

铝粉湿式研磨工艺主要生产铝银浆（铝膏）, 经烘干后也可成为铝银粉。由于湿式研磨工艺是在液体环境中对铝粉进行研磨作业, 安全性较高, 但后续加工较复杂, 如需干粉, 必须经过滤、烘干等工序, 特别是烘干工序的安全性较低。

湿磨工艺流程见图11-5, 粗铝粉经料仓2给入球磨机, 溶剂油、油脂或其他研磨介质经混合塔4给入球磨机。经磨机研磨后的铝粉浆通过分离塔6分离出大颗粒返回磨机继续研磨, 合适的颗粒在砂泵8的输送下进入压滤机9过滤, 滤液进入滤清塔7沉降, 澄清滤液供磨机继续使用, 浓缩的砂浆再经砂泵输送给压滤机压滤。压滤后的滤饼经混合机12混合后, 成为铝浆（铝膏）; 压滤后的滤饼经干燥箱14烘干后, 经筛分机15筛分分级, 再经抛光机16抛光, 成为不同粒度规格的铝粉。

影响湿磨工艺产品质量的因素较多, 包括磨机的研磨体充填量、研磨体与物料的粒径比、研磨体与物料间的料球比、物料与溶剂的固

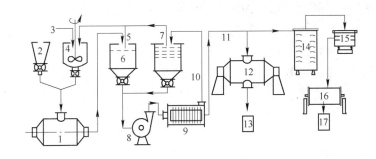

图 11-5   湿磨工艺流程图

1—球磨机；2—铝粉料仓；3—熔剂油和油脂；4—混合塔；5—返砂；6—分离塔；
7—滤清塔；8—砂泵；9—压滤机；10—滤液；11—滤饼；12—混合机；
13—铝浆；14—干燥箱；15—筛分机；16—抛光机；17—铝银粉

液比及研磨温度等。

研磨体的装填量计算在本书 5.5.2 节中有详细介绍，装填量不仅影响研磨效率，而且对产品质量有很大影响。油漆涂料用铝银浆的漂浮力与研磨时间密切相关，实践表明，其最佳研磨时间为 8~12h。研磨细度与装填量有很大关系，装填量不足，研磨过程延长，研磨时间超过漂浮力最佳时间，必然导致漂浮力下降；研磨体装填量过大，引起研磨体不能正常运动，而且会消耗大量的能量。

研磨体的选择及其粒径在 5.5.3 节中做了介绍，这里不再重复。为使铝粉在磨机内研磨周期尽可能短，而且在研磨后期仍有足够冲击延展效果，减少发生铝鳞片的径向断裂，原料与研磨体的质量比应当高为好，一般采用 1∶（12~15）。

当铝粉与溶剂的比例大时，料浆稠度大，黏度高，易粘附在研磨体上，影响其正常运动轨迹和冲击作用；当溶剂量过高时，料浆内铝粉粒子稀少，不易被研磨粉碎。确定固液比时，应考虑铝毛料粒度、溶剂的黏度和挥发性，并且需要在研磨过程中随时调整。对于固液比，一般采用的比例为 1∶（1~2）。

为了控制好铝粉浆的漂浮力指标，还应对磨机的研磨温度进行控制。一般情况下，研磨温度在 45~55℃时产品的附着力较高。研磨温度过低，铝粉表面得不到充分活化，且脂肪酸在溶剂中的溶解度降低，脂肪酸在铝粉表面吸附量减少；研磨温度过高，铝粉表面活化过于充分，除吸附脂肪酸外，还易吸附其他杂质，脂肪酸溶解度大，活动量也大，铝粉表面的脂肪酸吸附量小于解析量，铝粉表面的吸附层不能很好形成，影响产品的漂浮力指标。一般采用磨机外加冷却水的方式进行控制，通过调节进水量和进水温度，调节磨机内温度。

在研磨过程中，为了保持系统内有足量的脂肪酸，通常加入过量的脂肪酸或多次补加。由于脂肪酸的弱酸性，对铝粉具有腐蚀性，影响白度。在配料时，应加入适量的稳定剂，抑制过量游离酸的影响。随着研磨时间的延长，铝粉粒径变小，粒子之间易团聚，不利于研磨，所以在磨制中后期要加入非离子型分散剂，易防止颗粒团聚。铝粉在研磨过程中新生表面积不断增加，需要有氧化膜包覆，以利于脂肪酸的定向吸附。在铝浆磨制过程中，要向磨机内不断导入空气，以提供足够的氧气促进氧化膜的形成。现代的磨机都配有导气管，向磨机内通入干燥的正压空气，还有利于磨机内部的降温。

目前，市场上出现的非浮型铝银浆也是用湿磨工艺生产出来的，它与浮型铝银浆的不同之处不仅在于漂浮特性的差异，更重要的是具有"随角异色"效应，即通常所说的"闪光"铝银浆。该产品粒度形状呈圆饼状，表面光洁，有利于光线的镜面反射。在制备工艺中，应控制原料的球形度和粒度分布。在添加剂的选择上，要经过特殊的制备，对于产品需经过严格的粒度分级。

11.3 铝镁合金粉制备工艺

铝镁合金粉又称镁铝粉，铝镁合金粉是由铝镁合金经粉碎加工成的金属粉末，燃烧时产生的温度达 2000～3000℃，在烟花产品中起着非常重要的还原剂作用，也可作为白光剂和照明剂使用。

铝镁合金粉制备分为两个独立的生产阶段：第一阶段是纯冶金阶段（铸造阶段），其目的是生产坯料；第二阶段是粉末生产阶段（粉碎阶段），产生粉末。标准的铝镁合金粉中镁、铝的含量各约为50%。活性铝含量的多少对烟花的安全生产和产品的质量有很大的影响。现在铝镁合金粉中，铝的含量普遍低于50%，有的铝含量低到了40%。镁含量的增加使得铝镁合金粉的性质接近镁粉的性质，使得烟火药的撞击感度、摩擦感度增加，烟火剂更加敏感，从而也增加了安全隐患。GB/T 5150—2004 中规定了镁铝合金粉中铝的含量范围为46% ~54%，铝含量低于这个范围的铝镁合金粉容易引起质量事故和安全事故，应慎用。

11.3.1 铸造阶段

铸造过程是指把镁、铝两种不同的金属按一定比例配制，经熔炼、铸造形成合金的冶金过程。铝、镁通常的配制比例为1∶1，但由于原料纯度的不同或产品成分指标要求的不同，配制比例要相应调整。长期以来关于制备铝镁合金粉的铝镁合金的结构有两种说法：一种说法是镁铝合金是简单物理混合；另一种说法是镁铝合金不是简单的物理混合，内部晶体结构有所改变。

铝、镁含量分别占47% ~53%和53% ~47%的合金呈银白色，熔点为660℃左右。该合金具有较好的脆性，容易破碎，也易于在球磨机内磨制。含量分别为50%的合金密度为：

$$\rho_{AM} = \frac{50 + 50}{50/2.7 + 50/1.74} \times 10^3 = 2.11 \times 10^3 kg/m^3$$

11.3.1.1 铸造原理

作者认为在铸造过程中，镁铝合金内部晶体结构有所改变，不是简单的物理混合。从铝-镁二元相图的铝部分可以看出，在450℃镁含量为35.0%时，发生共晶反应：

$$L \xrightarrow{450℃} \alpha(Al) + Mg_2Al_3$$

共晶温度下，镁在铝中的最大溶解度为17.4%，温度降低，溶解度迅速减小。当铝含量超过6%以后，脆性相 $Mg_{17}Al_{12}$ 的数量不断增多，导致抗拉强度和伸长率降低。铝镁合金在460℃以上，铝、镁含量占46% ~54%时，以固溶体形式存在，并具有较好的脆性，适合粉碎加工。固溶体是指溶质的原子溶入溶剂原子的晶格中或取代了某些溶剂原子的位置，而仍保持溶剂原子晶格类型的一种成分和性能均匀的固态合金。

11.3.1.2 铸造过程

熔铸过程是铝镁合金粉制备工艺中最关键的过程，它决定着铝镁合金的化学组成和力学性能，直接影响铝镁合金粉的化学成分和粉碎的难易程度，进而影响产品的活性。其工艺流程为：配料→坩埚准备→熔化→精炼→静置→浇铸。

A 配料和准备

配料是根据铝锭、复化铝锭、镁锭、镁废料的化学成分及坩埚炉的容量确定铝与镁原料的数量，并以适当的方式加入坩埚炉中的工艺过程。通常应先加镁后加铝，交替分层加料，装料应密实，尽量减少空隙。

通常采用电阻式坩埚炉，外形及内部构造示于图11-6，也可采用焦炭炉加热。坩埚最好选用铸铁材质，其成分组成见表11-3。坩埚内壁应当光滑，不应有气孔和夹渣。每次在往炉内加料前必须仔细清刷，并加热到 600～700℃。为避免合金被污染，在熔炼前铸铁坩埚可以涂一层耐火涂料，其成分见表11-4。用刷子或喷雾器涂刷涂料，一昼夜至少一次。坩埚表面要清除金属残渣、熔渣等，并将坩埚加热

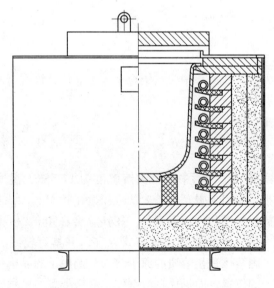

图11-6 电阻式坩埚炉构造图

到200℃。涂抹涂料后,坩埚再次预热到500~600℃,并保持3~5h。熔炼工具(漏勺、搅拌器、刮板等)也应用涂料涂抹。

表11-3 坩埚材质组分

组　分	C	Si	Ni	Mn	Cu	S	P
含　量 (质量分数)/%	3.0~3.5	1.5~2.0	0.25~0.5	1.2~1.5	0.8~1.2	≤0.1	≤0.25

表11-4 耐火涂料配方

配方一		配方二	
MgO(氧化镁)	1 份	耐火黏土	5 份
水玻璃	2 份	石英砂	1 份
白垩	20 份	水玻璃	0.3 份

注:上述配比为质量比。

调制涂料时,涂料成分内的所有固体物质要很好地磨碎。把所用的水加热到70~75℃,并分成两份(1/3和2/3)。在少量水中溶解水玻璃,并将溶液加热至沸腾。在多量水中溶解粉料(白垩、石英、黏土),仔细搅拌使之溶解,并用800μm筛网筛除大颗粒。两份溶液混合后静置2~3昼夜,澄清后备用。

B 熔化

熔化是炉料装入坩埚后到完成熔化过程,铝镁合金熔化采用分批熔化工艺。在加热至600~700℃的坩埚底部装入占原料重量1%~2%的2号熔剂。熔剂熔化后加入镁锭,2号熔剂的化学组成见表11-5。在镁锭熔化并且温度达到750~800℃时,再加入少量镁杂料,并充分搅拌,金属碎屑要在金属液体介质内熔化,而不是在坩埚内"干烧",以免严重烧损。当有镁料燃烧时,可以用熔剂进行覆盖。熔剂能够减少烧损,但过多的熔剂会引起合金成分中Cl⁻的超标。镁料熔化后,要澄清5min,然后用漏勺从坩埚底部和金属液面上层清除熔渣。陆续加入预热的铝锭,将其熔化,仔细搅拌,以使镁中的铝和熔剂能均匀分布,并澄清30~40min。

表 11-5　2 号熔剂的化学成分

组　成	MgCl$_2$	KCl	BaCl$_2$	CaF$_2$
含量(质量分数)/%	38~46	32~40	5~8	3~5

C　精炼

当熔融的合金温度升至 750~780℃ 时，停止升温开始搅拌。搅拌的同时要喷洒 2 号熔剂精炼，搅拌精炼约 20min 熔体均匀后，稍停3~5min，打净浮渣，撒上薄薄的一层熔剂覆盖熔体。精炼的目的主要是清除或降低熔体中杂质，以提高金属的纯洁度。它是通过熔剂与熔体中的氧化膜及非金属夹杂发生吸附、溶解和化学作用实现的。

D　静置

炉前分析合格后的熔体，使熔剂所吸附的密度较大的金属氧化物沉入埚底。将坩埚从坩埚炉中平稳地吊出，放入静置架上，静置 1~1.5h。静置实质是一种净化方法，它是利用熔体与熔剂所吸附的杂质之间的密度差，使夹杂物沉降，达到净化的目的，它是精炼过程的继续。

E　浇注

将静置一定时间的坩埚吊入到浇注架上，浇注入铸模中。在这一过程中应该注意的是浇注温度和浇注速度。一般浇注温度应在 690~740℃之间，温度过高熔体烧损严重，温度过低浇注困难，且易带入沉渣。另外浇注过程中要注意熔体保护，在浇注的同时要喷洒硫磺粉以防止熔体燃烧，确保浇注平稳。尤其是浇注的最后阶段，最后阶段极易使沉渣泛起影响铸锭质量。

应严格控制合金的 Fe、Si、Cl 等杂质含量，一般应将杂质含量控制在：$w(Fe)\leqslant0.35\%$、$w(Si)\leqslant0.2\%$、$w(Cl)\leqslant0.02\%$。杂质产生的主要原因是：坩埚和工具在合金内的溶解；加入了有污染的金属或熔剂；精炼以后静置的时间不够；浇注过快、操作不当等原因。

11.3.2　粉碎阶段

粉碎阶段是将铝镁合金铸块粉碎成合格粒度的金属粉末的加工过

程，分为粗碎和细碎两个过程。粗碎是通过手工破碎和机械破碎，得到 15mm 以下合金块，为下一步的细碎过程做准备。机械破碎使用锤式破碎机，并要用氮气保护，氮气中氧含量应控制在 2% ~6% 之间。细碎过程与铝粉的研磨过程相似，也使用干式球磨工艺进行粉碎，工艺流程如图 11-7 所示。在球磨过程中为保证安全，系统氮气中氧含量应控制在 2% ~8% 范围内，球磨出口气尘混合物温度不要超过 60℃，系统中氮气总管压力不应低于 15kPa。球磨出口流出的气尘混合物通过粗分离器进行粒度分级，粗粉通过返回料管返回球磨中继续研磨，细粉送入集尘器收集为成品。

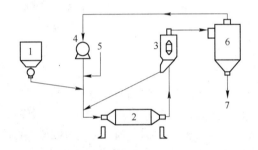

图 11-7 铝镁合金粉细碎工艺流程
1—料仓；2—球磨机；3—粗分离器；4—风机；
5—氮气；6—旋风集尘器；7—成品

　　由于铝镁合金所具有的物理特性，属于完全的脆性金属，易粉碎，其工艺参数符合干式球磨系统的理论计算，球磨机的装球率和转速率都要比研磨纯铝粉高。

11.4　冲击粉碎

　　冲击粉碎分开路粉碎和闭路粉碎。冲击粉碎对粉碎合金有一定的特殊要求，即材料具有易碎性。由于铝镁合金块所具有的易碎特性，可以用锤式破碎机进行破碎，这一工艺过程属于开路式的冲击粉碎工艺。

　　冲击粉碎在铝合金粉体加工方面的另一个应用是粉碎铝合金碎屑。在铝合金材料的机械加工（如车、钳、铣、刨、磨）过程中会产生大量的金属碎屑，这些碎屑重新熔化时会造成大量的烧损浪费，烧损量高达 20% 以上。经过近年来的不断探索,研制出针对铝合金碎屑粉碎的专用设备——涡流粉碎机,并形成了用冲击粉碎铝合金碎屑的新工艺。在铝粉的涡流粉碎中闭路粉碎和开路粉碎均被采用,下面分别进行介绍。

11.4.1 开路粉碎

铝镁合金块的粉碎流程是简单的一段式破碎工艺流程,大块的合金由入口加入破碎机,经破碎机粉碎成小块,供下一段细碎时使用。按照"多碎少磨"的节能原则,应尽可能选用破碎比大的破碎机进行合金块的粗碎。由于铝镁合金的力学特性属于脆性,铝镁合金粉的粒度形状不会因粉碎加工形式的不同而发生改变,球磨机的粉碎加工方式不一定是最好的选择。随着科学技术的不断进步,会出现具有更大破碎比的高能粉碎机,用一段粉碎即可完成现在由两段粉碎工艺所能达到的粒度要求,这样可以大量降低加工成本。

开路式冲击粉碎工艺流程示意图见图 11-8。物料由加料口 1 加入粉碎机 2 进行粉碎,粉碎形成的细粉在引风机 5 的抽吸作用下随气流进入两级旋风收集器 3,并沉积成产品,纯净空气经引风机 5 排空。

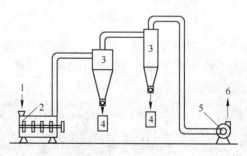

图 11-8 开路式冲击粉碎工艺流程
1—加料口;2—粉碎机;3—旋风收集器;
4—成品;5—引风机;6—排空

该工艺流程简单,容易控制,操作方便,设备少,占地面积小。缺点是产品粒度分布较宽。

11.4.2 闭路粉碎

闭路式的冲击粉碎工艺与开路式不同之处在于，粉碎后的颗粒经过检查分级，把大颗粒重新返回粉碎机继续粉碎。其工艺流程见图11-9。物料由加料口1加入粉碎机2粉碎，粉碎后的颗粒在引风机5的抽吸作用下进入分级机3进行分级，大于设计要求粒径的粗颗粒返回粉碎机进行二次粉碎，合格粒级的颗粒进入旋风收集

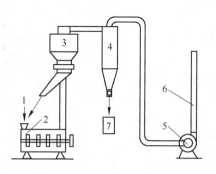

图11-9 闭路式冲击粉碎工艺流程
1—加料口；2—粉碎机；3—分级机；
4—旋风收集器；5—引风机；
6—排空管道；7—成品

器4内收集成产品7，洁净空气经引风机5和排空管道6排空。

该工艺流程比较简单，操作方便，产品粒径可调，粒度分布均匀。缺点是风量不易控制。该工艺适用于对产品粒度要求严格的工况。

冲击式的铝屑粉碎工艺容易产生细粉尘的沉积，刀具在运转过程中易断裂，并摩擦起火。在没有惰性气体保护的情况下，容易引燃沉积的细粉，会有燃烧、爆炸的危险。在生产过程中要特别注意主机和管道温度以及系统内的特殊响声。由于是新型工艺，未免存在不足之处，相信经不断的改进，会克服所有的不足。

12 铝粉生产的安全与防护

由于铝粉具有粒度细、比表面积大、活性高的特点，易引起燃烧、爆炸。在生产、使用、储存、运输、设备维修等过程中，因操作不当，可能引发较大的安全事故，造成严重的人身、财产损失。在生产铝粉的各项操作中，必须对其安全事项加以注意和防范。

12.1 铝粉的危险特性

铝粉属于易燃易爆的危险化学品。化学品是指由各种化学元素组成的物质或由化学元素组成的化合物及其混合物，即可以是天然的也可以是人造的。危险化学品指具有易燃、易爆、有毒、有害及有腐蚀特性，对人员、设施、环境造成伤害或损害的化学品。易燃易爆化学物品，系指国家标准 GB 12268—1990《危险货物品名表》中以燃烧、爆炸为主要特性的化学物品。铝粉具有自燃、爆炸的危险特性，大量粉尘遇潮湿、水蒸气能自燃；与氧化剂混合形成爆炸性混合物；与氟、氯等接触会发生剧烈的化学反应；与酸碱或强碱接触也能产生氢气，引起燃烧爆炸；粉体与空气可形成爆炸性混合物，当达到一定浓度时遇火星会发生爆炸；由于小于 $5\mu m$ 以下的粉尘在空气中呈长时间悬浮状态，一旦达到爆炸浓度，遇明火即可产生爆炸；若某一点上的粉尘爆炸或者由于爆炸形成的冲击波将沉积的粉尘扬起，可形成新的爆炸或再次爆炸。铝粉危险特性值见表 12-1。

表 12-1　铝粉危险特性值

特　性	铝粉（银粉）	铝镁粉（镁铝粉）
熔　点/℃	660	660
沸　点/℃	2056	2056
堆积引燃温度/℃	320	320
粉尘引燃温度/℃	590	550

特 性	铝粉（银粉）	铝镁粉（镁铝粉）
爆炸下限/g·m^{-3}	40	32.5
爆炸上限/g·m^{-3}	301	563
危险性类别	4.1 类，易燃固体［有涂层的］；4.3 类，遇湿易燃物品［未涂层的］	4.3 类，遇湿易燃物品
火灾危险性分级	乙 类	乙 类

12.1.1 燃烧特性

燃烧是指可燃物与氧化剂作用发生的放热反应，通常伴有火焰、发光和（或）发烟现象。物质燃烧过程的发生和发展，必须具备以下三个必要条件，即可燃物、氧化剂和温度（引火源）。只有这三个条件同时具备，才可能发生燃烧现象，无论缺少哪一个条件，燃烧都不能发生。但是，并不是上述三个条件同时存在，就一定会发生燃烧现象，这三个因素还必须相互作用才能发生燃烧。燃烧过程中存在未受抑制的游离基（自由基），形成链式反应，使燃烧能够持续下去，亦是燃烧的充分条件之一。

12.1.1.1 燃烧中的常用概念

凡是能与空气中的氧或其他氧化剂起燃烧化学反应的物质称为可燃物。可燃物按其物理状态分为气体可燃物、液体可燃物和固体可燃物三种类别。可燃烧物质大多是含碳和氢的有机化合物，某些金属如镁、铝、钙等在某些条件下也可以燃烧，还有许多物质如臭氧等在高温下可以通过自己的分解而放出光和热。

帮助和支持可燃物燃烧的物质，即能与可燃物发生氧化反应的物质称为氧化剂。燃烧过程中的氧化剂主要是空气中游离的氧，另外如氟、氯等也可以作为燃烧反应的氧化剂。

温度（引火源）是指供给可燃物与氧或助燃剂发生燃烧反应的能量来源。常见的是热能，其他还有化学能、电能、机械能等转变的热能。

有焰燃烧都存在链式反应。当某种可燃物受热，它不仅会气化，而且该可燃物的分子会发生热裂解作用从而产生自由基。自由基是一种高度活泼的化学形态，能与其他的自由基和分子反应，而使燃烧持续进行下去，这就是燃烧的链式反应。

易燃固体系指燃点低，对热、撞击、摩擦敏感，易被外部火源点燃，燃烧迅速，并可能散发出有毒烟雾或有毒气体的固体，但不包括已列入爆炸品的物品；遇湿易燃物品系指遇水或受潮时，发生剧烈化学反应，放出大量的易燃气体和热量的物品，有的不需明火，即能燃烧或爆炸。另外，介绍几个燃烧中的常用概念，阴燃指没有火焰的缓慢燃烧现象；爆燃指以亚音速传播的爆炸。

12.1.1.2　自燃

自燃指可燃物质在没有外部明火等火源的作用下，因受热或自身发热并蓄热所产生的自行燃烧现象，亦即物质在无外界引火源条件下，由于其本身内部所进行的生物、物理、化学过程而产生的热量，使温度上升，最后自行燃烧起来的现象。自燃点是指在规定的条件下，可燃物质产生自燃的最低温度。可燃物质发生自燃的主要方式是：氧化发热、分解放热、聚合放热、吸附放热、发酵放热、活性物质遇水、可燃物与强氧化剂的混合。

影响固体可燃物自燃点的主要因素：受热熔融，熔融后液体、气体的情况；挥发物的数量，挥发出的可燃物越多，其自燃点越低；固体的颗粒度，固体颗粒越细，其比表面积就越大，自燃点越低；受热时间，可燃固体长时间受热，其自燃点会有所降低。

铝粉的自燃方式为氧化自燃和遇湿反应自燃两种。氧化自燃通常发生在球磨铝粉（片状）上，是由于铝粉在研磨或后续处理过程中包覆不完全，当其脱离保护气氛与空气接触后，迅速发生氧化反应，并放出大量热能。局部释放的热能与其周围的铝粉发生热传递，并引发链式反应，造成大量铝粉的燃烧。铝粉氧化自燃的化学反应式：

$$4Al + 3O_2 =\!=\!= 2Al_2O_3 \tag{12-1}$$

铝粉的遇湿反应自燃通常发生在雾化铝粉和铝镁合金粉等未做表面包覆的粉体。当未包覆的铝粉与潮湿空气或少量水接触时，会与水发生缓慢的氧化反应，并放出氢气和热量，反应式见式12-2和式

12-3。如果产生的热量不能及时释放到粉体外部，就会在内部聚集。当聚集的热量达到自燃点时，会发生粉体自燃。产生的氢气会加速燃烧，进而引燃周边的铝粉，并发生氧化的链式反应，造成更大量的粉体燃烧。

$$2Al + 6H_2O =\!=\!= 2Al(OH)_3 + 3H_2 \uparrow \qquad (12-2)$$

$$Mg + H_2O =\!=\!= MgO + H_2 \uparrow \qquad (12-3)$$

12.1.1.3 引燃

堆积引燃温度是指粉尘在堆积状态下，使其燃烧所需的最低温度；粉尘引燃温度是指粉尘在悬浮状态下，引起燃烧的最低温度。铝合金粉体的引燃原因有：摩擦产生的热量、撞击产生的火花、静电放电产生的火花、雷电产生的火花或其他产生点火源的方式等。铝合金粉体引燃后发生氧化反应，放出大量的热，并发生链式反应，造成更大量的燃烧，其反应式见式12-1。

粉体在制备、处理或使用过程中，由于颗粒的相互接触、摩擦、碰撞、剥离或断裂等原因，而使颗粒表面产生大量电荷的现象叫粉体的起电或荷电。粉体的这种性质叫静电特性。通常，粉体的荷电主要有以下几种形式。

A 摩擦起电

摩擦是两种物体的表面不断接触和分离的过程。当两个功函不同的颗粒紧密接触时会形成不同电荷的双电层，分离后两个颗粒的表面将会带上异种电性的电荷，粉体的这种荷电方式叫摩擦起电。单颗粒的比荷电量由下式计算：

$$q_m = 1.33 \times 10^{-3} \times (\phi_1 - \phi_2) \times \frac{1.151 \times \lg R + 8.5}{\rho_s R^2} \quad (12-4)$$

式中　q_m——颗粒的最大比带电量，C/g；

R——接触球体（颗粒）的平均半径，cm；

ρ_s——颗粒的密度，g/cm³；

ϕ_1、ϕ_2——两个功函不同颗粒的接触电位，V。

这种起电方式多发生于粉体的输送、混合、分级或捕集等单元操作。

B　碰撞起电

碰撞是剧烈的摩擦。由于不对称的摩擦形成热点，热点处颗粒破裂或受热分解，导致带电载流子的热扩散，从而使粉体起电。颗粒的带电量由下式计算：

$$q_p = \frac{DkT}{2e^2}\ln\left(1 + \frac{Dc\pi e^2 Nt}{2kT}\right) \tag{12-5}$$

式中　q_p——颗粒的带电量，C；

D——颗粒的直径，cm；

T——绝对温度，K；

c——离子平均扩散速度，cm/s；

t——时间，s；

N——单极离子浓度；

k——玻耳兹曼常数，$k = 1.381 \times 10^{-23}$ J/K；

e——电子电荷，$e = 4.77 \times 10^{-10}$（绝对静电单位）。

C　剥离起电

剥离起电是比摩擦与碰撞起电更为剧烈的起电方式，所生成的静电量也较前二者大很多，常在输送、捕集等过程发生。

D　断裂起电

在粉碎与分级过程中，粉体颗粒在各种机械力的反复作用下逐渐形变，并引起颗粒的极化，使颗粒内部的电荷重新分布，当颗粒断裂时，新生成的微粒便带上相反电性的电荷。随着颗粒的逐渐断裂（细化），粉体中的静电荷成数倍地增加，与此同时摩擦、碰撞、剥离等起电方式也贯穿于粉碎、分级过程的始终。因此，断裂起电是一种复杂的复合起电方式。这种起电方式是研磨铝粉生产过程中最主要的形式，所生成的静电荷数量十分巨大，形成的静电电压也特别高，其危险性也特别强。

实测结果表明，在球磨机的出口或袋式除尘器的布袋表面上，静电电压可高达 30kV 以上，在主机磨体除直接接地部件以外，一般静电电压也高达 500 ~ 3000V 之间。这样高的静电电压，一旦击穿空气便会造成静电释放，产生强烈的静电火花。这种强烈的静电火花不但可引燃磨机系统中的铝粉，也可导致悬浮性粉尘的猛烈爆炸。因此，在铝粉的生产过程中，对其静电特性必须予以足够的重视。

粉尘引燃的危害性最大，常会发生爆炸的激烈反应，造成更大损害，所以要对粉尘引燃特别加以防范。

12.1.2 爆炸特性

爆炸是指由于物质急剧氧化或分解反应，使温度、压力急剧增加或使两者同时急剧增加的现象。爆炸可分为物理爆炸、化学爆炸和核爆炸。火灾和爆炸之间的区别在于两者释放能量的速率不同。火灾释放能量慢，其放能速率由燃料或者氧气的扩散速度来控制。而爆炸释放能量极其迅速，典型的为微秒数量级，爆炸结果是快速释放压力或产生冲击波。

物理爆炸是由于液体变成蒸气或者气体迅速膨胀，压力急速增加，并大大超过容器的极限压力而发生的爆炸，如蒸气锅炉、液化气钢瓶等的爆炸。化学爆炸是因物质本身起化学反应，产生大量气体和高温而发生的爆炸。在性质上它们可能是向四周均匀传播的或可能沿某些方向传播的。在一个容器中发生的爆炸趋向于一种均匀性爆炸。然而，发生在一个长管道中的爆炸趋向于一种传播性爆炸，如炸药的爆炸，可燃气体、液体蒸气和粉尘与空气混合物的爆炸等。爆轰和爆燃是传播和蔓延性质有所区别的两种类型的化学爆炸。在爆轰中，产生的冲击波以超音速（即高于声波传输的速度）传播，而在爆燃中传播速度明显低一些。爆轰波的压力远高于爆燃波的压力。爆轰比爆燃有更大的破坏性。一种爆燃过程可能会转变为一种爆轰过程，特别是当沿着一个长管道中传播时。铝粉体发生的爆炸即为化学爆炸，化学爆炸是消防工作中防止爆炸的重点。

所谓爆炸下限是指可燃蒸气、气体或粉尘与空气组成的混合物遇火源即能发生爆炸的最低浓度（可燃蒸气、气体的浓度，按体积比计算）；可燃性混合物能够发生爆炸的最高浓度称为爆炸上限。这两者有时亦称为着火下限和着火上限。在低于爆炸下限和高于爆炸上限浓度时，既不爆炸，也不着火。前者是由于可燃物浓度不够，过量空气的冷却作用，阻止了火焰的蔓延；后者则是空气不足，导致火焰不能蔓延的缘故。当可燃物的浓度大致相当于反应当量浓度时，具有最大的爆炸威力（即根据完全燃烧反应方程式计算的浓度比例）。

可燃性混合物的爆炸极限范围越宽，即爆炸下限越低和爆炸上限越高时，其爆炸危险性越大，这是因为爆炸极限越宽则出现爆炸条件的机会就多；爆炸下限越低则可燃物稍有泄漏就会形成爆炸条件；爆炸上限越高，则只要有少量空气渗入容器，就能与容器内的可燃物混合形成爆炸条件。应当指出，可燃性混合物的浓度高于爆炸上限时，虽然不会着火和爆炸，但当它从容器或管道里逸出，重新接触空气时却能燃烧，仍有发生着火的危险。

气体或蒸气的爆炸极限的单位，是以在混合物中所占体积的百分比（%）来表示的，如氢与空气混合物的爆炸极限为4% ~75%。可燃粉尘的爆炸极限是以混合物中所占体积的质量比 g/m^3 来表示的，例如铝粉的爆炸极限为 $40g/m^3$。爆炸性混合物中的可燃物质和助燃物质的浓度比例，在恰好能发生完全的化合反应时，爆炸放出的热量最多，所产生的压力也最大。实际的反应当量浓度稍高于计算的反应当量浓度，这是因为爆炸性混合物通常含有杂质。各种可燃气体和可燃性液体蒸气的爆炸极限，可用专门仪器测定出来，或用经验公式估算。爆炸极限的估算值与实验值一般有些差别，其原因是在计算式中只考虑到混合物的组成，而无法考虑其他一系列因素的影响，但仍有参考价值。

12.1.3 健康危害

铝粉无毒，但吸入高浓度粉尘会刺激呼吸道黏膜。长期吸入会使肺组织产生纤维化，发生铝尘肺，症状包括：咳嗽、呼吸急促、食欲减退、昏睡，曾有类似气喘病的症状，表现为消瘦、极易疲劳、呼吸困难、咳嗽、咳痰等。

当眼睛与铝粉接触时，细小尘粒一般没有刺激，大的尘粒会有一些摩擦性刺激。但溅入眼内，可发生局部性坏死，角膜色素沉着，晶体膜改变及玻璃体混浊。

在工作场所正常进入口腔的剂量尘粒无毒性反应，但对鼻、口、性器官黏膜和皮肤有刺激性，甚至发生溃疡，可引起痤疮、湿疹、皮炎。大量吞服粉尘对肠胃有摩擦性刺激。

12.2 铝粉的事故预防

依照"安全第一，预防为主"的原则，铝粉事故的预防是安全工作的第一要务。做好事前预防工作，是减少事故发生的最有效办法。

12.2.1 预防原理

有效地预防燃烧的简单方法是巧妙地调控形成燃烧的三种构成因素（燃料、氧化剂或氧气、热源），使火灾不能启动。

12.2.1.1 氧气

几乎所有的燃烧过程都需要有氧气存在，进一步说，较高的氧气浓度会使燃烧过程更快。惰性化常用来降低氧气浓度，使它达到安全浓度。此过程涉及加入一种惰性气体，常用氮气或二氧化碳，有时候也可以用水蒸气。铝粉加工中最常用的惰性化过程是使用惰性气体保护，如氮气、氩气等。

12.2.1.2 热

燃烧是一种放热过程。由一极小的热源点燃的星星之火向周围环境释放的热远大于它开始燃烧时吸收的热，从而点燃了更多的燃料和氧气的混合物。燃烧启动后将传播成更大的着火。不同的点火源是：电源、热表面、自燃、电火花、静电和摩擦。若能保证可燃物和氧气混合物不和热源接触，就可以预防火灾的发生。

12.2.1.3 燃料

氧气和蒸气状态或微细颗粒状态的燃料混合后燃烧是最快的。固体加工成粉末状或加热变成蒸气状是最容易被点着的。某些液体即使在低于室温条件下，可燃性蒸气的挥发也可达到危险的水平。因此，预防火灾的两个基本原则是，防止可燃化学物挥发和防止它的积累量达到危险浓度。

12.2.2 预防措施

国家标准 GB 17269—1998《铝镁粉加工粉尘防爆安全规程》见

附录 A，对铝镁粉生产、贮运过程中的防爆安全技术提出了具体要求，适用于铝镁粉加工厂（车间）的设计、施工、生产、维修和管理。国家标准 GB 15577—1995《粉尘防爆安全规程》见附录 B，标准规定粉尘爆炸危险场所的防爆安全要求，适用于粉尘爆炸危险场所的工程设计、管理、生产、贮存和运输。在本书中对两个标准加以引用，供读者参考。

12.2.2.1　铝粉运输信息

A　铝粉［未涂层的］

危险货物编号：43013 UN 编号：1396

包装标志：易燃固体　包装类别：Ⅱ类包装

B　铝粉（铝银粉）［有涂层的］

危险货物编号：41503 UN 编号：1309

包装标志：遇湿危险　包装类别：Ⅱ类包装

C　镁铝粉（铝镁合金粉）

危险货物编号：43012　UN 编号：1418

包装标志：遇湿危险，自燃　包装类别：Ⅱ类包装

铝粉的包装标志见图 12-1。

符号：黑色，
底色：白色红条

符号：黑色或白色
底色：蓝色

图 12-1　铝粉的包装标志

12.2.2.2　包装方法

塑料袋或二层牛皮纸外全开口钢桶（钢板厚 0.5mm，每桶净重

不超过50kg）；金属桶（罐）或塑料桶外花格箱；螺纹口玻璃瓶、铁盖压口玻璃瓶、塑料瓶或金属桶（罐）外普通木箱；螺纹口玻璃瓶、塑料瓶或镀锡薄钢板桶（罐）外满底板花格箱、纤维板箱或胶合板箱。

12.2.2.3 铝粉运输注意事项

运输时，运输车辆应配备相应品种和数量的消防器材及泄漏应急处理设备。装运本品的车辆排气管需有阻火装置。运输过程中要确保容器不泄漏、不倒塌、不坠落、不损坏。严禁与氧化剂、酸类、卤素、食用化学品等混装混运。运输途中应防暴晒、雨淋，防高温。中途停留时应远离火种、热源。运输用车、船必须干燥，并有良好的防雨设施。车辆运输完毕应进行彻底清扫。铁路运输时要禁止溜放。

12.2.3 人身防护

工程控制：密闭操作，局部排风。最好采用湿式操作。

呼吸系统防护：空气中粉尘浓度超标时，应佩戴自吸过滤式防尘口罩。必要时，建议佩戴空气呼吸器。

眼睛防护：佩戴化学安全防护眼镜。

身体防护：为防止过多的粉尘沉积或摩擦，使用手套、工作服、工作鞋。穿防静电工作服。

手防护：戴一般作业防护手套。

其他防护：实行就业前和定期的体检，防止尘肺。

12.3 铝粉的事故救援

12.3.1 铝粉泄漏应急处理

铝粉泄漏时，应隔离泄漏污染区，限制出入，切断火源。建议应急处理人员戴自给正压式呼吸器，穿防静电工作服。不要直接接触泄漏物。小量泄漏：避免扬尘，用洁净的铲子收集于干燥、洁净、可封闭的容器中，转移回收。大量泄漏：用塑料布、帆布覆盖，使用无火花工具转移回收。

12.3.2 自燃或爆炸应急处理

发生自燃或爆炸的应急处理:

(1) 一旦发生铝、镁、铝镁合金粉着火或爆炸时,不要惊慌,必须沉着果断地灭火。必须以最快速度将周围易燃粉材移到安全地带,防止火灾扩大。无论事故的大小,必须立即通知消防队。

(2) 如果发现装有产品的桶(罐)氧化发热,有燃烧的趋势时,能移开的,必须立即移出。送到安全地点,盖上石棉被,派专人看管,直到冷却为止。

(3) 在灭火时先用石棉被轻轻盖在火源上,然后用铝锹或镁砂桶将镁砂轻轻的撒在石棉被上,直到灭火为止。待燃烧的铝粉冷却到和周围的空气温度相同后,过 1~2h 处理。

(4) 在没有石棉被和镁砂的情况下,可用 1211 灭火剂,禁用 CO_2 和水。

(5) 为防止火灾蔓延和避免气尘混合物产生爆炸,在灭火时注意以下几个方面:

1) 救火时不许使粉尘飞扬,不许打碎玻璃和打开门窗,以免造成空气对流;

2) 在未摸清火灾爆炸情况下,禁止打开风机等电器设施;

3) 装有产品的桶(罐)等能移开的,应立即移到安全地带;

4) 在扑灭火的时候,必须防止火落入周围的产品中去,以免引起更多的产品燃烧;

(6) 如果人身上着火时,不准奔跑。脱掉和撕掉身上的衣服,无法撕掉时,应立即用石棉被或呢子被扑灭身上的火。

(7) 事故发生后,在指挥小组成员未到现场之前,事故单位负责人行使事故现场指挥权,该单位安全员负责事故现场的报警、协调联络工作。在指挥小组人员到达现场后,事故单位负责人负责介绍说明现场有关情况。

12.3.3 急救

吸入:迅速脱离现场至空气新鲜处。

口服：不可催吐。给患者饮水约 250mL。

眼睛接触：如发生刺激，使眼睑张开，用生理盐水或微温的缓慢的流水冲洗患眼至少 10min。

皮肤接触：如发生刺激，将过剩铝粉缓慢地抹掉或擦掉。脱去污染的衣服，用肥皂水和清水彻底冲洗皮肤。

所有患者都应请医生治疗。

13 铝粉生产技术的发展趋势

铝粉在近年来发展迅速,尤其在涂料、油墨行业中的应用越来越广泛,要求也越来越高。为了适应涂料铝粉浆对原料铝粉的严格要求,雾化铝粉向着球形化、微细化和均匀化方向发展。由于市场对色彩需求的不断变化,铝粉颜料在涂料、油墨行业也有着广阔的发展空间。从表观色彩角度,铝粉颜料向高光、高亮、色彩变幻的方向发展;在使用性能上,向着微细化、耐酸、耐碱、抗氧化的方向发展;从环保角度,铝粉颜料向着水性涂料方向发展。因此,在需求的强力推动下,铝粉制备与加工技术也发展迅速,涌现出许多新工艺和新技术。

13.1 新型雾化技术

随着微细粉末在高新技术新材料中的应用,需要大量粒径小于 $20\mu m$ 或 $10\mu m$ 的金属及合金粉末。传统的雾化方法在生产这类粉末时存在以下两点不足:细粉末的产出率低(小于20%);气体消耗量大,生产成本高。

为此,自20世纪90年代,人们对新型雾化技术进行大量的研究,并取得了可喜成果。这些新型雾化技术大大提高了微细粉末的收得率,并且正在进入工业化规模应用。新型雾化技术主要分为:层流雾化技术、超声耦合雾化技术和热气体雾化技术。

13.1.1 层流雾化技术

层流雾化技术由德国 Nanoval 公司等提出。该技术对常规喷嘴进行了重大改进。改进后的雾化喷嘴雾化效率高,粉末粒度分布窄,冷却速度达 $10 \sim 10^7 K/s$。在 2.0MPa 的雾化压力下,以氩或氮为介质雾化铜、铝、316L 不锈钢等,粉末平均粒度达到 $10\mu m$。该工艺的另一个优点是气体消耗少,经济效益显著,并且适用于大多数金属粉末的生产。缺点是技术控制难度大，雾化过程不稳定，产量小（金属质量流量小于1kg/min），不利于工业化生产。Nanoval公司正在致力于这些问题的解决。

13.1.2 超声紧耦合雾化技术

超声紧耦合雾化技术由英国PSI公司提出。该技术对紧耦合环缝式喷嘴进行结构优化，使气流的出口速度超过声速，并且增加金属的质量流率。在雾化高表面能的金属如不锈钢时，粉末平均粒度可达20μm左右，粉末的标准偏差最低可以降至15μm。该技术的另一大优点是大大提高了粉末的冷却速度，可以生产快冷或非晶结构的粉末。研究表明，紧耦合雾化技术是粉末雾化技术的发展方向，且具有工业实用意义，可以广泛应用于微细不锈钢、铁合金、镍合金、铜合金、磁性材料、储氢材料等合金粉末的生产。

13.1.3 热气体雾化技术

近年来，英国的PSI公司和美国的HJF公司分别对热气体雾化的作用及机制进行了大量的研究。HJF公司在1.72MPa压力下，将气体加热至200~400℃雾化银合金和金合金，得出粉末的平均粒径和标准偏差均随温度升高而降低的结论。与传统的雾化技术相比，热气体雾化技术可以提高雾化效率，降低气体消耗量，易于在传统的雾化设备上实现该工艺，是一项具有应用前景的技术。但是，热气体雾化技术受到气体加热系统和喷嘴的限制，仅有少数几家研究机构在进行研究。

微细球形铝粉在高级金属涂料、热喷涂用复合粉末、化工、冶金催化剂和固体火箭推进剂等方面有广泛应用。

微细球形铝粉生产线，把气动雾化制粉、粒度分级、气力输送和包装等联为一体，在全密闭氮气保护下运行，不但保证了生产安全，提高了生产效率，而且使产品质量大大提高。铝粉粒度分级精度可达 $\pm 1 \sim \pm 3 \mu m$；活性铝含量大于98%；杂质含量：$w(Si) < 0.15\%$、$w(Fe) < 0.2\%$、$w(Cu) < 0.015\%$；产品规格为 $(45 \pm 5)\mu m$、$(29 \pm 3)\mu m$、$(24 \pm 3)\mu m$、$(13 \pm 2)\mu m$、$(6 \pm 1)\mu m$，粒度还可更细。生

产线生产能力为 30 ~ 50kg/h，氮气循环使用，耗气量小于 10^3 m³/h。设备按铝粉爆炸最大压力（1.6MPa）设计，备有气体氧含量测量报警装置。该技术还可用于其他粉体材料（如铜、镁、锡、铅、玻璃、铁等）的生产。

13.2　闪光铝粉加工技术

闪光铝粉颜料通常是指非浮型铝粉颜料所具有的表观特征。随着铝粉颜料在汽车、家电、家具等诸多行业的应用，人们逐渐追求色彩变幻的金属效应。铝粉颜料的"随角异色"效应被突出表现出来，于是就出现了这种新型的铝粉颜料。

闪光铝粉颜料是基于研磨工艺开发出来的新产品。它对所用原料的粒度分布、球形度、化学成分都有严格的要求，对工艺有严密的控制。该工艺是用适当的研磨工艺将球形的铝粉原料粒子冲击、研磨成圆饼状，研磨过程中要严格控制铝粉的径厚比及颗粒粉碎的发生。因为铝粉颗粒的过度粉碎，会在颗粒表面产生过多的裂纹，影响光的反射效果，也就会使"随角异色"效应消失。研磨后的产品需经过精细的分级，使得铝粉颗粒在较窄范围内分布，表现出粒度均匀的效果，才能有细腻的金属质感。

研究结果表明，不同粒径的铝粉原料、不同尺寸的磨球、球磨罐大小及转速、装料量、球料比和球磨时间等对铝粉颜料的平均粒径会产生影响，但对铝粉颜料的形貌并无多大影响；油酸添加量的适宜范围是 5% ~ 10%；抛光处理有利于提高铝粉颜料的亮度。研究发现，采用湿磨工艺选择 8mm 钢球研磨，对于 13μm 的铝粉原料，获得实用铝粉浆料的最佳球料比约为 38：1，最佳的装料量在 62% 左右，最佳的球磨时间约为 15h；对于 6μm 的铝粉原料，其最佳的球料比约为 20：1，最佳的装料量在 57% 左右，最佳的球磨时间约为 15h。

13.3　水性铝颜料生产技术

随着环保法律的修订和环保意识的不断增强，对水性产品的需求越来越普遍。当今，提供各种水性涂料已成为涂料厂商的竞争优势，同时，来自环保方面的法规也迫使生产商必须具备生产水性产品能力。但是，不同的工业用途对产品有不同的性能要求，对原材料的要求也不同。为满足市场的不同需求，人们研制出了各种"与水兼容"的铝颜料。然而未经处理的铝颜料与水接触会产生大量的氢气，因此铝颜料要在水性体系中成功地被应用，必须解决这种发气的问题。

铝片在水中会产生如下氧化反应，而引致发气的情况：

$$2Al + 6H_2O \longrightarrow 2Al(OH)_3 + 3H_2$$

克服上述问题有两种基于不同原理的技术：第一种技术是添加剂技术，即在铝颜料粒子的表面上以物理方法混合添加剂，通过一种阻隔层机制在铝片外层形成一个保护层，最终阻止铝和水发生反应；第二种技术被称为包覆技术，铝片被包裹起来，单个的颜料粒子就被完全包封。

13.3.1 添加剂技术

在添加剂技术中，最常用的阻止铝片发气的方法是使用有机磷化合物进行处理。这类产品在市场上已经存在了多年，通常在各种溶剂中以65%铝颜料浆的形式出现。选择不同的溶剂是十分必要的，因为必须配合不同的树脂体系及其与稳定剂的兼容性。

其中一种产品系列（STAPA Hydrolac 系列）含有溶剂汽油和另一种溶剂，溶剂可以是水（STAPA Hydrolac W 系列），也可以是甲氧基丙醇（STAPA Hydrolac PM 系列），或者丁二醇（STAPA Hydrolac BG 系列）。下一步是研究出一系列不含溶剂汽油（STAPA Hydroxal）而仅含上述溶剂中一种的产品。这类产品可以消除涂料体系中因与溶剂汽油兼容性太差而导致的表面缺陷问题（如鱼眼）。含水的 STAPA Hydroxal W 系列可以用于生产零"VOC"油漆产品。

稳定剂的一个副作用是使涂料的一些性能，如干燥时间、涂层间附着力、耐湿性等受到不利的影响。要弥补这些不良影响，稳定剂的使用量可以在保护产品性能不致受损的情况下减至最低。

13.3.2 包覆技术

开发水性铝片的另一种技术是将颜料颗粒完全包覆，以提供更好的保护。

第一代采用包覆技术的颜料系是采用了一层不溶性的铬（Ⅲ）化合物（STAPA Hydrolux）：这些颜料不含可溶性的铬（Ⅵ）盐（<10^{-6}），因而无毒。第二代（最新产品）系采用二氧化硅进行包覆，再经一层有机物进行进一步处理（STAPA Hydrolan），由于其独特的夹层结构，这一代的产品在循环线上使用时更能表现其稳定性。

可以对这些采取不同稳定方式的铝颜料，在同一种涂料配方中的发气量进行测定。试验中制备一种标准配方的水性油漆，并储存在一种特殊设备中，从而可以测定在40℃下、一定时间内氢气的产生量。这种测试的优点是其结果非常接近真实情况，缺点是最终结果最早要在10天或30天以后才能得到，具体时间取决于所采用的树脂体系。然而多年的经验显示，经过3天的测试就已经可以对最终结果做出一个很好的预计。

专家指出，各种不同型号的稳定剂产品都应在个别的树脂体系中进行测试，以寻求最佳的整体稳定性。

13.4 多彩铝粉技术

多彩铝粉技术是对铝粉包覆技术的提高，它是在单层膜的基础上进行的二次包覆。铝粉单层包覆 SiO_2 可以得到"随角异色"的闪光效应，并且能够提高铝粉的耐酸、耐碱性能。多彩铝粉常用低折射率物质 SiO_2、Al_2O_3 或 $Al(OH)_3$ 作为底膜。面膜采用高折射率物质，常用 Fe_2O_3 和 TiO_2，也有用金属 Cr 薄膜作为面膜，还有用 ZnS、MoS_2 的产品。

通过控制膜层的厚度，得到不同颜色的铝粉。当 Fe_2O_3 厚度为25nm，SiO_2 厚度为 330~350nm 时，正视角呈绿-金色，掠射角呈具有高亮度值的红-灰色；当 SiO_2 增至 370~390nm 时，正视角呈红色，掠射角呈绿-灰色；SiO_2 增至 460nm 时，正视角只能看到一种弱的铜色相，掠射角为泛红色相。

多彩铝粉的制取方法分为：物理气相沉积法（PVD）、化学气相沉积法（CVD）和液相化学沉积法（LCD）或称溶胶-凝胶法（SOL-

GEL)。

物理气相沉积法是将铝蒸气和膜材料蒸气通入真空室内，铝蒸气和膜层材料蒸气冷凝后沉积在盘状收集器上，然后将真空室打开，把沉积层取出并粉碎成颜料尺寸。这样的铝粉片薄且极为光滑，可呈现出绚丽的"随角异色"色彩。随着技术的成熟，该工艺已能批量生产。

化学气相沉积法是在流化床反应器中进行的。片状铝粉用惰性气体硫化，然后往流化床反应器中通入包膜用材料的蒸气以及能与包膜材料反应生成包膜的气体。若膜层为 SiO_2，则通入的气体为 $Si(OR)_2$-$(OOCR)_2$类蒸气和水蒸气，它们在200℃发生如下反应：

$$Si(OR)_2(OOCR)_2 + 4H_2O \longrightarrow Si(OH)_4 + 2ROH + 2RCOOH$$

$$Si(OH)_4 \longrightarrow SiO_2 + 2H_2O$$

这样，生成的 SiO_2 就会附着在铝粉粒子表面形成薄膜。如果膜层为 Fe_2O_3，则通入的气体为铁的羰基化合物 $Fe(CO)_5$蒸气和氧气，它们在200℃左右发生如下反应：

$$4Fe(CO)_5 + 3O_2 \Longrightarrow 2Fe_2O_3 + 20CO$$

生成的 $2Fe_2O_3$附着在铝粉粒子表面形成薄膜。若使用的是铬、钼、钨等的羰基化合物，它们就会在惰性气体条件下分解，得到金属薄膜：

$$Cr(CO)_6 \longrightarrow Cr + 6CO$$

液相化学沉积法的原理与化学气相沉积法基本相同，都借助于包膜用物质的分解和分解后所得膜层材料在铝粉颜料粒子表面的吸附和结晶，只不过包膜用物质和种类不同而已。液相化学沉积法对包膜材料的要求相对更低，更易得到，常用正硅酸乙酯（包 SiO_2膜层用）、钛酸丁酯或四氯化钛（包 TiO_2膜层用）、铁的三价可溶性无机盐（包 Fe_2O_3膜层用）等。液相化学沉积法的工艺为：将铝粉颜料分散于分散剂（如乙醇）中，并将该分散液加入到一个连续搅拌的恒温反应釜中，然后将配好的包膜用材料的溶液和催化剂（如氨水）按一定比例和速率加入到反应釜中进行水解反应。反应一定时间后，将釜中混合物送到过滤机进行过滤，过滤后的滤饼送往干燥或后处理（如再次包膜或表面改性等）。由于反应在液相中进行，故反应温度一般不会超过100℃，易于控制。

　　物理法制备多彩铝粉要以铝材为基础，而化学法中以普通市售铝粉颜料为基础。为了防止铝粉在生产过程中氧化及获得更好的使用效果，市售的铝粉颜料均已经过表面包覆处理。所以，用市售铝粉颜料为原料制备多彩铝粉时，需对铝粉颜料进行脱覆处理，以免给膜层包覆过程带来不良影响。

13.5　全球涂料行业用金属颜料新产品研发动态

　　随着汽车工业的发展，汽车涂料也得到了快速发展。汽车涂料是涂料中质量要求最高的品种之一。目前我国的汽车涂料在质量和产量上与国外相比还有相当大的差距。丙烯酸聚氨酯涂料具有良好的综合性能，在汽车工业中得到了广泛应用。随着经济的发展，环保意识的增强，人们对涂料的要求越来越高，不仅要求其产品美观、性能好，还要求其污染小。

　　纳米二氧化钛和铝粉等混合能产生"随角异色"效应，在轿车面漆中很快得以推广。目前BASF公司、Silberline公司已能生产多种含纳米二氧化钛的金属闪光漆。"随角异色"效应——颜料领域的新成就——正得到用户的认可。

　　Eckart公司推出了几种不同用途的金属颜料新产品。该公司的PCS颜料采用了最新的微胶囊技术，因而产品具有优异的耐候性和耐化学腐蚀性，该颜料主要应用于粉末涂料产品。Eckart公司还为粉末涂料市场推出了Powdersafe Pellets牌号的可用于挤出工艺的颜料品种。SDF 6-1101和SDF 6-1501是SDF 6-0000系列产品的最新成员，其优良的非漂浮特性使涂料产生神奇的银色和多彩效果。

　　EMD化学公司已经为其Xirallic产品生产线增加了一些新成员，包括具有干涉效应的颜料。Dreher介绍："公司计划为Colorstream产品生产线增加新产品，以扩大市场份额。"EMD公司的最新产品是Arctic Fire系列，该产品主要是通过在片状二氧化硅表面附着金属颜料，使产品具有多彩效果。从不同角度观察采用了Arctic Fire产品的涂料，能够看到涂层的颜色从蓝宝石变换到亮银色和带有金属光泽的红色。EMD 化学公司的另一个产品是 Biflair，一种合成的氯氧化铋结晶体。该产品具有对称的正八面体结构，良好的透明性和窄粒径分布，能产生明显的颜色变化效果，色彩深邃而饱满，具有良好的遮盖性和白度（呈现蓝相）。

环保法规的限制促进了生产企业采用更加环保的生产工艺，并开发了更多用于粉末涂料和水性涂料的金属颜料。

Silberline 公司最近推出了用于粉末涂料和水性涂料的新产品，其中的 Aquavet 系列产品是包裹有铝粉颜料的球形粒子，是专为水性工业涂料设计的产品。据该公司宣传，该产品不含 VOC、易于分散，并适用于大多数水性树脂。

Silberline 公司的 Silbercote PC X 系列（无机物表面处理）和 Silbercote PC Z 系列（有机物表面处理）的铝颜料可用于干混型和反应型粉末涂料。这种表面处理过的片状铝颜料具有优异的耐化学腐蚀性和耐候性。

位于奥地利的 Bonda-Lutz Werke 公司开发出了 Blitz 牌号的铝银浆，专用于水性涂料。

U. S. Aluminum 公司推出了几种用于粉末涂料的颜料，包括 6 种采用二氧化硅进行表面处理的产品，10 种不同粒径等级的高光颜料（采用二氧化硅表面处理并赋予不同功能），5 种二氧化硅处理、具有不同功能和部分化学交联的颜料。上述所有品种都用于干混工艺的粉末涂料。

U. S. Aluminum 公司还开发了高闪烁光泽的 SD 系列片状铝颜料，专用于挤出加工工艺。SD 系列产品采用二氧化硅和专门的功能化表面处理，有 $20 \sim 50 \mu m$ 的不同粒径等级。

MD-Both 公司推出了同样的高端产品，该产品为中等粒径的银色铝颜料，在该公司的 Alushine 浆料和 Aquamet NPW 浆料中，该颜料表现出很好的非漂浮稳定特性。Aquamet NPW 系列产品仅采用水作为分散介质，因此是一种为水性涂料提供不含 VOC 的颜料浆。

除了 Aquamet NPW 非漂浮型铝银浆产品以外，MD-Both 公司还提供 Aquamet CP 系列产品，该产品表面用二氧化硅进行处理，适用于水性体系的非漂浮型铝银浆。该产品也是仅采用水作为分散介质的浆料，用于不含 VOC 的体系，能提高清漆涂层的耐化学腐蚀性和耐候性。

这些动向足以说明，铝粉正向着装饰功能方向发展。因为铝粉的涂装功能有着不断更新的理念，有着广阔的遐想空间，有着不断变换的市场。

附　录

附录 A　铝镁粉加工粉尘防爆安全规程

GB 17269—1998

批准日期 1998-03-20　　实施日期 1998-10-01

前　言

本标准根据我国铝镁粉加工粉尘防爆的实践经验，参考采用了美国 NFPA651《铝粉生产标准》（1993 年版）和美国 NFPA480《镁粉生产、运输和贮存标准》（1993 年版）编写而成。

本标准由全国粉尘防爆标准技术委员会提出并归口管理。

本标准由冶金工业部安全环保研究院负责起草，中国有色金属总公司安环部、东北轻合金加工厂、洛阳有色金属加工设计研究院、西北铝加工厂参加起草。

本标准主要起草人：张其中、周豪、赵丹力、李晓飞、卢大通、赫崇富、刘守斌、王光立。

1　范围

本标准规定了铝镁粉生产、贮运过程中的防爆安全技术要求。本标准适用于铝镁粉加工厂（车间）的设计、施工、生产、维修和管理。本标准不适用于铝镁制品加工过程。

2　引用标准

下列标准所包含的条文，通过在本标准中引用而构成为本标准的条文。本标准出版时，所示版本均为有效。所有标准都会被修订，使用本标准的各方应探讨使用下列标准最新版本的可能性。

GB 12476.1—1990 爆炸性粉尘环境用防爆电气设备粉尘防爆电

气设备

GB 15577—1995 粉尘防爆安全规程

GB/T 15605—1995 粉尘爆炸泄压指南

GB 50058—1992 爆炸和火灾危险环境电力装置设计规范

GBJ 16—1987 建筑设计防火规范

3　定义

本标准采用下列定义。

3.1　铝镁粉 aluminum and magnesium powder

任何粒径小于 420μm 的铝镁或铝镁合金颗粒。

3.2　铝镁粉加工 the manufacture of aluminum and magnesium powder

通过特定的工艺，将金属铝、金属镁及其合金加工成为细微颗粒的过程。

3.3　铝镁粉防爆 the prevention and protection of dust explosion of aluminum and magnesium powder

预防铝镁粉燃烧、爆炸发生和当燃烧或爆炸发生时使损失减小的技术。

4　管理

4.1　厂长应清楚本厂所有铝镁粉爆炸危险场所的情况，并采取能有效控制铝镁粉爆炸的防爆措施。

4.2　厂长应根据铝镁粉爆炸危险场所的特点，结合本规程，制定本厂粉尘防爆实施细则和安全检查表，并按安全检查表认真进行粉尘防爆检查。厂级每季度不应少于一次，车间（或工段）每月不应少于一次。

4.3　气体、温度、压力等检测仪表应定期校验。

4.4　工厂应认真做好安全生产和粉尘防爆教育，普及粉尘防爆知识和有关安全法规，使职工了解铝镁粉的爆炸性及爆炸条件，牢记事故开关、警报器、急救设施、防爆设施和避灾路线的位置、用途和使用方法。对重点岗位职工应定期进行安全培训，并经考试合格，方准上岗。

4.5 厂房、库房等铝镁粉爆炸危险场所不应有非生产性明火。主要生产厂房所用电气设备应是粉尘防爆型的。

4.6 安全、通风、阻爆、隔爆、泄爆等设施应完善有效，未经主管部门许可，不得拆除或弃用。

4.7 新建、改建或扩建铝镁粉加工厂（或车间）应进行安全评价。

4.8 铝镁粉厂房和库房内不应存放汽油、煤油、苯等易燃物。

4.9 铝镁粉厂房和库房不应有漏水现象且相对湿度不得超过75%；雷、雨、风天气应关闭门窗，防止产品潮湿和粉尘飞扬。

5 厂区布置及厂（库）房结构

5.1 厂区布置

5.1.1 铝镁粉加工厂与居民区、重要公路、非本厂专用铁路、高压输电线路等之间的距离应大于100m。

5.1.2 厂房的布置应便于房内人员疏散，不应布置成封闭的或半封闭的"口"字形、"门"字形等。

5.1.3 不同的生产工序应分别布置在至少相距15m的单独厂房中。如两厂房的间距小于15m，则其相向墙面中至少应有一面墙能承受14kPa（表压）的爆炸压力，该墙壁不承重，不得有开口。

5.1.4 电动机、操作盘（台）等应安装在无粉尘爆炸危险的单独房间内。

5.1.5 库房布置应远离生产厂房。中间库房与生产车间应有隔离带或隔离墙。隔离带宽度不应小于30m，用走廊连接；隔离墙应采用耐侧压、不承重结构。

5.1.6 厂（库）房两侧应设有宽度不小于3.5m的消防车道。如无车道，应沿厂（库）房两侧保留宽度不小于6m的平坦空地。尽头式消防车道应设不小于12m×12m的回车场。穿过建筑物的消防车道，路面净宽及距建筑物的净高均不应小于4m。

5.1.7 厂区周围应采取必要的安全措施，确保无关人员不得进入。

5.2 建筑结构

5.2.1 加工、包装、转运及储存铝镁粉的工房和库房宜为不带地下室的单层建筑。

5.2.2 铝镁粉加工与贮存的工房和库房应采用钢筋混凝土柱、梁的框架结构,墙不承重。

5.2.3 铝镁粉加工厂房内墙表面宜采用平整不易积尘和易清扫的结构,且不应向上拼接。非整料构筑的墙体,墙面应用砂浆抹平,不得留有孔隙。

5.2.4 铝镁粉主加工车间,可根据需要分隔成若干小单元。隔墙应采用耐侧压、不承重的非燃性材料构筑。

5.2.5 所有门、窗框架均应采用金属材料制作。

5.2.6 当工房内发生爆炸时窗户应能自动开启。窗扇应在窗框顶部铰接,向外开启,并配有摩擦式窗闩。

5.2.7 每间厂房至少应有两个宽敞并彼此相隔一定距离的出口,厂房内工作地点到出口或楼梯的距离,单层不应超过30m,双层不应超过25m。

5.2.8 高架平台的通道应便于上下,危险时便于撤离。

5.2.9 工房内的地面或平台应采用硬质防滑导静电的非燃性材料制作,且不应有积尘接缝。

5.2.10 工(库)房屋顶不得漏水,宜采用"轻型"或"抗爆"结构。

5.3 运输通廊

5.3.1 距离不超过15m的建筑物和主加工车间的小单元之间可用非燃性材料构筑的密闭通廊相连接。

5.3.2 通往铝镁粉工(库)房的密闭通廊,应根据GB/T 15605进行泄压设计,同时应设防火门。

5.3.3 每条密闭通廊均应设一个通向外部的出口。

5.4 铝镁粉加工厂工(库)房布置与结构除应遵守本章规定外,还应遵守GBJ 16中相关条款。

6 设备与操作

6.1 一般规定

6.1.1 在铝镁粉生产和装卸过程中,应有防止静电放电和电气火花的措施。

6.1.2 在铝镁粉工房内,应使用防爆工具。

6.1.3 拆卸粉末加工、处理、收集、运输设备或设施时，无论是在室内还是在室外，均应使用防爆工具。

6.1.4 从地面、设备等处清扫回收的粉料，在送回加工设备进行再加工前，应除去杂质。

6.1.5 在铝镁粉加工工房内进行焊接、切割等明火作业时，应遵守下列规定：

　　a）有经安全负责人批准且经消防部门签字的作业证；

　　b）作业开始前，设备应停止运转并彻底清扫设备内或作业场所的粉尘和易燃物并经检查确认；

　　c）作业开始前，必须将盛有产品的桶（罐）全部运出工房；

　　d）应将进行明火作业的区段与其他区段彻底隔离；

　　e）在高处进行明火作业时，应有防止因火花飞溅而引起周围易燃易爆物质燃烧或爆炸的措施；

　　f）进行明火作业期间，应有安全人员在场监护；

　　g）进行明火作业期间和随后的冷却期间，不允许有粉尘进入明火作业场所。

6.1.6 进行各项工作时，不得使粉尘飞扬或泄漏。

6.2 设备

6.2.1 装运铝镁粉的容器应用不产生火花的金属材料制作，且应加盖密封。

　　a）应附有设备安全操作说明；

　　b）轴承应防尘密封；

　　c）应设过载保护装置；

　　d）宜设连锁控制装置或对每个车间设紧急控制装置；

　　e）内外应便于清扫，无粉尘积聚的孔隙；

　　f）均应接地，避免静电积累；

　　g）应采用密封良好的滚动轴承；

　　h）应密封良好，严禁泄漏；

　　i）存在有爆炸危险的设备，应有防爆措施。

6.2.2 应避免设备自身摩擦产生摩擦热。

6.2.3 在制粉设备的进料口，应设适当的格筛、磁性或气动分离器等装置，避免混入原料中的铁块等异物进入制粉设备。

6.2.4 铝镁粉加工厂应根据本厂设备运行状况，规定设备定检周期、停修时间和维修标准，并严格执行。

6.2.5 检修设备的施工单位应制定安全措施。如需使用汽油、煤油、柴油等，还应制定专项安全措施，经主管部门和安全部门审定，主管负责人和安全负责人批准，由施工负责人执行。

6.2.6 检修用的材料、填料、润滑油等应符合有关规定。如用新材料或其他型号、品号的材料作为代用品应经试验或经主管负责人审批。

6.2.7 检修时除拆卸指定的检修设备、指定检修的部位外，不得触动未经安全处理的其他设备。

6.2.8 检修设备施工单位，必须制定施工网络图，严格按程序分布作业，不得在一个工房内或一个系统内同时进行多部位检修。

6.3 操作

6.3.1 铝镁粉工房内的粉尘浓度应控制在 $4mg/m^3$ 以下。

6.3.2 铝镁粉干磨时，应遵守下列规定：

a）铝粉、铝镁合金粉干磨系统内应充氮气保护。设备起动时保护气体中的含氧量为 2%～5%。经一段时间进入正常运转后，保护气体中含氧量，铝粉为 2%～8%，铝镁合金粉为 2%～6%。当多次调整仍不能达到此数值时，应立即停车处理；

b）球磨机出口气体和粉尘混合物温度：磨制铝粉不得超过 80℃，磨制铝镁合金粉不得超过 60℃；

c）球磨机系统鼓风机运转时，入口的表压应保持 200～1500Pa，当多次调整仍不能达此数值时，应立即停车处理；

d）起动铝镁粉制粉设备前，应通知各有关岗位人员。正常运转后，每隔 30～60min 应检查一次运转情况。当各测点温度、压力或气体成分不符合规定时，应及时调整；如调整无效，应立即停车处理；

e）球磨机和铝镁合金粉筛分机在起动或停车时，球磨间、筛分间不准有人，在运转过程中应关闭防爆门；

f）当球磨机系统使用选粉机时，应检查选粉机的转子同外壳有无摩擦及异常现象；

g）启动设备的顺序应为：选粉机、鼓风机、油泵、球磨机、给料机。停车顺序相反；球磨机、鼓风机密封填料温度：磨制铝粉不超过75℃，磨制铝镁合金粉不超过65℃；

h）更换密封填料前应停止设备运转，待系统温度降至30℃下或室温时再更换填料。更换填料时应备好定子油或机油，取下的填料应立即浸入油中；

i）当处理球磨机系统堵料等工作需打开球磨机系统时，应使球磨机系统冷却到30℃以下或室温时方准进行，处理堵料时防止粉尘飞扬，且应使用防爆工具。

6.3.3　铝粉抛光及铝镁合金粉筛分、破碎时，均应执行6.3.2条相关条款。

6.3.4　铝粉湿磨应遵守下列规定：

a）在不与金属发生化学反应的液体中磨制铝粉时，磨制设备应满足下列条件之一：

1）采取泄爆措施的设备内充满空气；

2）采取惰化措施的设备内含有足以氧化任何新生铝表面的氧气。

b）在不与金属发生化学反应的液体中制膏或对铝粉进行其他处理时，相应设备应满足下列条件之一：

1）在充满空气的设备中处理铝粉；

2）在足以氧化任何新生铝表面的惰化气氛中处理铝粉。

c）在a）和b）中应维持露点大大低于冷凝点。

d）球磨机轴承应使用集电器电刷透过润滑膜接地；

e）溶剂处理场所应具有良好通风（自然或人工通风）；

f）溶剂泵或膏剂浆泵应安装当泵干运行时能自动停泵的装置。

6.3.5　粒化加工应遵守下列规定：

a）严禁将潮湿的铝、镁锭加入熔炉或坩埚；

b）加工过程中，熔炉、坩埚周围不得有火焰冒出；

c）粒化前，应试风压、检查粒化室，确认安全后，再吹净扩散板上的铝镁粉尘，开动粒化室的风机，然后进行粒化；

d）粒化室内，不允许产生正压；

e）发现火花喷出时，应立即停止粒化。

6.3.6　铣削法加工镁粉，铣削镁粉的温度不得超过120℃。

6.3.7 给加工设备供料或泄料用的容器，应确保静电接地。

7 贮运

7.1 移动式容器

7.1.1 厂内运输铝镁粉的容器应采用不产生火花的金属材料制作。

7.1.2 所有轮式容器、手推车和自动装卸车均应静电接地。

7.2 气力输送管道

7.2.1 输送管道应使用不易产生火花的有色金属或不锈钢材料制造。

7.2.2 应保证输送管道整体具有良好的导电性并具有良好接地。

7.2.3 输送管道应设泄爆口。泄爆口应通到建筑物外，且应按 GB/T 15605 进行设计。

7.2.4 在管道破裂可能对其他设备或人员造成损害又无法通过泄爆口完全泄压的区域，管道设计承受的瞬时内压：铝粉不低于 690kPa（表压），镁粉不低于 860kPa（表压）。在管道破裂不会对其他设备或人员造成损害的区域可使用承受内压较低的管道作为辅助泄爆口。

7.2.5 在露天或在潮湿环境中设置的输送管道应严格密封。

7.3 气力输送载体

7.3.1 用空气作为输送气体时，运输系统内铝粉浓度应低于其爆炸下限值的 50%，镁粉浓度必须低于其爆炸下限。

7.3.2 当被输送的铝镁粉浓度接近或达到爆炸下限时，应采用惰化气体输送。

　　a）在保证惰化效果的前提下，惰性气体中应含有适量的氧化剂；

　　b）应连续监测惰化气流中的氧含量。当氧含量不在规定范围内时，监测系统应发出声响报警。

7.3.3 输送气体的流速：铝粉不低于 23m/s，镁粉不低于 18m/s。

7.3.4 若输送气体来自相对较暖环境，而管道和收集器内的温度又相对较低时，应对管道和收集器采取加热措施，避免因输送气体的温度低于露点而发生冷凝。

7.3.5 用液体收集粉料（如喷雾塔）时，所用任何液体的闪点不能低于 37.8℃。液体与铝镁粉不发生反应或仅在良好运行条件下以受控速率发生反应。遗留在产品上的液体应满足后续生产工艺过程的要求。

7.4 气力输送风机

7.4.1 向运输管道提供载粉气体（空气或惰性气体）的风机叶片和机壳应采用导电、不产生火花的金属（如青铜、不锈钢或铝）制作。

7.4.2 运输的粉料在进入最终集料装置前，不应通过风机。

7.4.3 风机起动或停止时，人员不得进入距风机15m以内的范围，停止运转前不应进行维护工作。

必要时（如测压力），只有具备相关知识和相应资格的操作者在技术人员的指导下才能接近正在运行的风机。在操作者接近风机前应停止供应粉料（输送管道内只有载粉气体）。

7.4.4 风机应置于铝镁粉加工厂房之外。风机应用滚动轴承。轴承应有温度显示装置和超温音响报警器。

风机应与加工机械实行电气连锁。当风机停止运转时，加工机械也能及时停止运转。

7.5 贮存

7.5.1 加工好的铝镁粉应装入无水分、无油、无杂质的金属桶或其他封闭式容器，并密封良好，存于干燥地方。

7.5.2 装有铝镁粉的桶或容器，应置于距门窗、采暖热源1m以外，每两排桶间留有不小于0.5m的通道。严禁堵塞安全门和防火器材通道。

7.5.3 为避免产品局部发热产生自燃，应经常检查（如用手触法进行检查）。发现温度升高，应迅速将产品转移到安全地点继续观察，直至安全冷却为止。

8 采暖

8.1 工房应采用间接热风、水暖器或汽暖器采暖。不得用火炉或明火采暖。

8.2 用水暖器或汽暖器采暖时，应遵守下列规定：

a）采暖管道应明设；蒸汽或高温水管道的入口装置和换热装置不应设在有爆炸危险的工房内；

b）管道和散热器及其连接处，不应有漏水、漏汽现象发生。

8.3 当采用间接热风采暖时，应遵守下列规定：

a）热风源应位于无粉尘的区域；

b）输送热风的风机应安装在无粉尘的区域；

c）制造热风的空气应来自工房外或无粉尘区域；

d）应确保热风接触铝镁粉时不发生冷凝。

9 集尘

9.1 通风除尘

9.1.1 产生铝镁粉尘的地点应设通风除尘设施。

9.1.2 应采用粉尘防爆型风机，并将风机置于净化装置之后。

9.1.3 除尘器应符合下列规定：

a）干式除尘器应位于工房外的安全位置。除尘器周围设防护屏或栅栏；

b）应采用不易产生火花的有色金属或不锈钢制造除尘器；

c）过滤式除尘器滤料应为导静电材料。

9.1.4 管道系统应执行7.2条中相关规定。

9.1.5 整个除尘器系统应保持良好的电接触，并接地。

9.1.6 旋风除尘器或其他干式除尘器应安装内部温度显示仪表并配备超温报警装置。其报警温度的设定值应低于粉尘云或粉尘层的最低着火温度。

显示仪表应安装在易于观察的位置。

9.2 粉尘清扫

9.2.1 管理人员应注意因操作人员清扫无规律而在建筑物或机械任何部位的表面过度累积粉尘。

应在停机和切断动力情况下进行定期清扫。清扫周期可根据条件而定，但每周不少于一次。设备可用沾水抹布清擦；地面可用刷子和潮湿锯末清扫。清扫后，应对设备彻底检查一次。

除尘器中的集尘应每班清理。

9.2.2 加工和运输过程中泄漏出的落地粉、油粉、油膏等应立即用不产生火花的导电铲子及软扫帚或天然纤维硬毛刷子清理，并收集在专用金属容器内，放在指定地点妥善管理。然后再用真空吸尘器将剩余的粉尘吸净。禁止用压缩空气吹扫。在人员不能进入和无法使用真空吸尘器的区域，只有在严格禁止可燃物进入或接近该区域，并同时停止设备运转的情况下，才允许用压缩空气吹扫。

9.2.3　在生产区用水清洗时，应同时满足下列条件，否则不允许用水清洗：

　　——经技术负责人批准，并规定用水时间；

　　——操作人员经过培训；

　　——具备使氢气浓度低于爆炸下限的良好通风；

　　——将清洗粉尘的水完全排放到安全地点；

9.2.4　使用真空吸尘系统应遵守下列规定：

　　——只能用于粉尘太少或太分散而不易用手刷方式彻底清除的情况；

　　——有效的连接与接地，使静电积聚降至最少；

　　——电机应为粉尘防爆型；

　　——软管、吸尘嘴和接头应采用导电、不产生火花的材料制造；

　　——收集的粉尘应卸入厂房外的专用容器中。

10　电气

10.1　电气设备应依据 GB 12476.1 的规定选用尘密型（DT）防爆电器；处理设备故障时的照明电压应为12V。

10.2　铝镁粉爆炸危险场所的高低压配线应采用铜芯电缆。

10.3　每个工房均应设置手动遥控开关，开关位置距工房门应大于3m。厂长办公室、调度值班室等地点，也应设手动遥控开关。

10.4　生产厂房应设置应急照明系统。该系统应为通向安全门的通道提供不低于10lx 亮度的照明。当生产厂房照明系统出现故障时，应急照明系统应立即自动运行。

10.5　在允许使用闪光灯和蓄电池灯的场所，可用其作照明灯具。

10.6　铝镁工（库）房应采取防雷措施。

10.7　在粉尘爆炸危险场所，有可能积聚静电的金属设备、管道及其他导电物体均应接地，接地电阻不宜大于100。

10.8　铝镁粉尘爆炸危险场所电气设备、操作，除应遵守本章条款外，尚应遵守 GB 50058 中的相应条款。

11　个体防护

11.1　生产人员应按国家有关规定选用劳动保护用品。

11.2　在工艺流程中使用惰性气体的场所应配备呼吸保护装置。

11.3　粉尘爆炸危险场所不允许生产人员贴身穿用化纤材料制作的衣裤。

11.4　铝镁粉加工操作人员的外衣应选用耐火、不易产生静电的布料制作，同时应易清洁和易脱下。

12　灭火与事故抢救

12.1　灭火

12.1.1　灭火人员应经过专门训练。

12.1.2　灭火设施和灭火器应随时可用。

12.1.3　禁止使用能扬起积尘的灭火方法。

12.1.4　铝镁粉灭火应遵守下列规定：

　　a）火灾初起时，应首先用干沙、惰性干颗粒（粉末）构成隔离带，将火源围隔起来。撒播灭火剂时应特别小心，避免扰动铝镁粉末而形成粉尘云；

　　b）用不产生火花的金属锹或铲认真撒播干性灭火剂；

　　c）关闭风机和门窗，减少空气流通；

　　d）干性灭火剂应保持清洁与干燥，并与撒播工具放在同一个易于使用的地点；

　　e）可用翻砂造镁的废渣作为灭火剂，扑灭镁粉火灾；

　　f）不准使用水、泡沫或二氧化碳灭火器灭火。

12.1.5　粉末溶浆灭火应遵守下列规定：

　　a）稀浆状铝镁粉发生火灾时，应按消防系统有关规定灭火，不允许用卤化物灭火剂；

　　b）半湿性物质或过滤块状物发生火灾，应使用干性灭火剂；

　　c）不允许将二氧化碳或氮气用于扑灭任何形式的镁火灾；

　　d）用二氧化碳扑灭铝溶浆火灾时，残留物应立即用干沙或其他干性灭火剂覆盖。确认残留物和覆盖物的温度均降到环境温度后，方可进行处理。应采用有盖容器进行小份额分批处理。

e）只有在其他灭火方式失败而火灾继续扩大时，才可用水扑灭铝镁粉溶浆火灾。应采用喷雾或低速喷水的灭火方式，避免形成粉尘云；应持续供水，直至火灾被完全扑灭。灭火后，应立即清除场地中的湿粉、糊、稀浆；清除过程中应进行通风，避免铝镁粉与水反应生成的氢气积聚；应在远离生产厂房的安全区设置贮污装置。

12.1.6　如人身上着火时不准奔跑，应立即脱掉或撕掉衣服。无法撕掉衣服时，可用湿棉被（呢布）灭火，同时应防止火花落入周围的产品中。

12.2　事故抢救

12.2.1　工厂应制定铝镁粉爆炸事故抢救方案，并报主管部门批准。

12.2.2　应在当地消防部门的密切配合和指导下组建兼职消防组织，并定期对全体职工进行避灾及抢救演习。

12.2.3　参加事故抢救的专、兼职人员，均应接受事故抢救最高指挥员的统一指挥。

12.2.4　事故现场必须做好治安保卫，维护好现场秩序。

附录 B 粉尘防爆安全规程

GB 15577—1995

批准日期 1996-01-01 实施日期 1996-01-01

1 主题内容与适用范围

本标准规定工厂粉尘爆炸危险场所的防爆安全要求。本标准适用于粉尘爆炸危险场所的工程设计、管理、生产、贮存和运输。

本标准不适用于矿山井下和炸药厂。

2 引用标准

GB 11651 劳动防护用品选用规则

GB/T 15605 粉尘爆炸泄压指南

3 术语

3.1 可燃粉尘

一定条件下能与气态氧化剂或空气发生剧烈氧化反应的粉尘。

3.2 粉尘爆炸危险场所

存在可燃粉尘和气态氧化剂（或空气）的场所。

3.3 惰化

向有粉尘爆炸危险的场所充入足够的惰性气体，或将惰性粉尘撒在粉尘层上面。使这些粉尘混合物失去爆炸性的方法。

3.4 抑爆

爆炸发生时，通过物理化学作用扑灭火焰，使未爆炸的粉尘不再参与爆炸的控爆技术。

3.5 泄爆

有粉尘和气态氧化剂或空气存在的围包体内发生爆炸时，在爆炸压力达到围包体的极限强度之前，使爆炸产生的高温、高压燃烧产物和未燃物通过围包体上的薄弱部分向无危险方向泄出。使围包体不致被破坏的控爆技术。

3.6　二次爆炸

发生粉尘爆炸时，初始爆炸的冲击波将沉积粉尘再次扬起，形成粉尘云，并被其后的火焰引燃发生的连续爆炸。

4　一般规定

4.1　有粉尘爆炸危险场所的新建、改扩建企业，必须符合本标准的规定。不符合本标准规定的现有企业，必须制定安全技术措施计划，限期达到。

4.2　企业法人必须清楚本企业有无粉尘爆炸危险场所，并采取能有效控制粉尘爆炸的措施。

4.3　企业应结合自身粉尘爆炸危险场所的特点，制定本企业粉尘防爆实施细则和安全检查表，并按安全检查表认真进行粉尘防爆检查。企业每季度至少检查一次，车间（或工段）每月至少检查一次。

4.4　企业应认真做好安全生产和粉尘防爆教育，普及粉尘防爆知识和安全法规，使职工了解本企业粉尘爆炸危险场所的危险程度和防爆措施；应对职工进行技术和业务培训，并经考试合格，方准上岗。

4.5　粉尘爆炸危险场所严禁烟火，所用电气设备必须是粉尘防爆型的。

4.6　生产粉尘防爆产品，必须经劳动部或其指定的单位许可，并颁发许可证。

4.7　安全、通风、防爆、泄爆等设施，未经主管部门批准，不得拆除。

4.8　建设项目的安全评估，应有粉尘爆炸危险性分析和防爆措施等内容。

5　防止粉尘云与粉尘层着火

5.1　防止散装粉料自燃

5.1.1　能自燃的热粉料，贮存前必须冷却到正常贮存温度。在室温下能自燃的粉料（自燃材料），应贮存在惰性气体或液体中，或用其他安全方式贮存。

5.1.2　在通常贮存条件下，大量贮存能自燃的散装粉料时，必须对粉料温度进行连续监测；当发现温度升高或气体析出时，必须采取使粉料冷却的措施；当自燃过程已经发展到可能导致燃烧或爆炸时，必须慎重采取制止自燃发展的措施。

5.2 防止明火与热表面引燃

5.2.1 在粉尘爆炸危险场所进行明火作业时，必须遵守下列规定：

    a）有安全负责人批准的作业证；

    b）明火作业开始前，应彻底清除明火作业场所的可燃粉尘；

    c）进行明火作业期间和随后的冷却期间，严禁有粉尘进入明火作业场所；

    d）进行明火作业的区段，必须与设备的其他区段分开或隔开。

5.2.2 与粉尘云直接接触的设备或装置（如光源、加热器等），其表面允许温度必须低于相应粉尘层的最低着火温度。

5.2.3 存在可燃性或爆炸性粉尘的场所、设备和装置，应符合下列规定：

5.2.3.1 工艺设备的轴承应防尘密封；如有过热可能，必须安装能连续监测轴承温度的探测器。

5.2.3.2 不宜使用皮带传动；如果使用皮带传动，必须安装速差传感器和自动防滑保护装置；当发生滑动摩擦时，保护装置应能确保自动停机。

5.2.3.3 斗式提升机必须配备安全保护装置。

5.3 防止电弧和电火花点火

5.3.1 粉尘爆炸危险场所，应采取相应防雷措施。

5.3.2 当存在静电点火的危险时，必须遵守下列规定：

5.3.2.1 所有金属设备、装置外壳，金属管道、支架、构件、部件等，一般应采用静电直接接地；不便或工艺不允许直接接地的，可通过导静电材料或制品间接接地。静电直接接地电阻不大于100Ω，间接接地电阻不大于$10^7\Omega$。

5.3.2.2 直接用于盛装粉末的器具、输送粉末的管道（带）等，应采用金属或防静电材料制成。

5.3.2.3 所有金属管道连接处（如法兰），必须进行跨接。

5.3.2.4 操作人员应采取防静电措施。

5.3.2.5 禁止采用直接接地的金属导体或筛网与高速流动的粉末接触的方法消除静电。

5.4 防止摩擦碰撞火花引燃

5.4.1 粉尘云能够被偶然碰撞（如金属杂物与工艺设备内部零件之间碰撞）产生的火花引燃时，必须采取措施防止碰撞发生。

5.4.2 在工艺流程的进料处，应安装能除去混入料中杂物的磁铁、气动分离器或筛子，防止杂物与设备碰撞。

5.4.3 铝、镁、钡、锆等或含有这些金属的粉末与锈钢摩擦产生的火花是特别危险的点火源。当存在上述金属或合金的粉末时，必须防止产生摩擦火花。

5.4.4 对含有特别容易点燃的粉尘的工艺设备，检修维护作业期间必须保证在含有这类粉末的区段不产生摩擦碰撞火花。

5.4.5 设有与明火作业相同的保护措施，严禁使用旋转磨轮和旋转切盘进行研磨和切割。

5.5 惰化

5.5.1 在生产或处理特别容易点燃的粉末的工艺设备中，必须用惰性气体惰化粉尘云。

5.5.2 在碾磨机和混料机等加工或处理粉料的设备中，应根据其粉尘爆炸特性，确定是否采用惰性气体惰化。

5.6 严格控制粉尘浓度处在粉尘爆炸浓度范围以外，是防爆的有效措施。

在特殊情况下，如在排粉系统中和用于粉末静电喷涂的室内，必须控制粉尘浓度高于粉尘爆炸浓度上限。

6 减小初始爆炸引起的破坏

6.1 分段与隔离

6.1.1 工艺设备的连接，必须保证不进行明火作业就能将各设备方便地分离和移动。

6.1.2 设计工艺设备时，必须考虑技术上可实现的隔离，防止某一设备发生的爆炸波及相邻的设备。

6.2 爆炸时实现保护性停车

6.2.1 在紧急情况下，必须能够遥控切断所有电机的电源。

6.2.2 根据车间的大小，可安装几个能互相替换的遥控电机电源的开关台。开关必须有适当标记，宜用自发光信号做标记。

6.2.3 遥控开关，必须安装在当车间内发生火灾和爆炸时仍能进行操作的地方。

6.3 车间宜采用自动抑制爆炸系统进行保护。

6.4 约束爆燃压力

6.4.1 生产和处理能导致爆炸的粉料时，若无自动抑爆系统，也无泄压措施，则所有的工艺设备必须足以承受内部爆炸产生的超压；同时，各工艺设备之间的连接部分（如管道、法兰等），也应与设备本身有相同的强度；高强度设备与低强度设备之间的连接部分，必须安装阻爆装置。

6.4.2 所有排粉管和不同工艺设备之间的连接管，应足以承受内部粉尘爆炸产生的超压。

6.5 泄爆

6.5.1 工艺设备的强度不足以承受完全发展的内部粉尘爆炸产生的压力时，必须设置泄爆口。泄爆口的尺寸应以 GB/T 15605 或粉尘爆炸标准试验和实际考察作依据，以保证发生意外爆炸时可能达到的最大泄爆压力不超过容器所能承受的最大内压。

6.5.2 具有内联管道的工艺设备，通常推荐的设计指标应能承受至少 0.1MPa 的内部超压。

7 二次爆炸的预防

7.1 防止粉料从生产设备中逸出

7.1.1 工艺设备的接头、检查门、挡板、泄爆口盖等均应封闭严密，不得向车间泄漏粉料。

7.1.2 工艺设备内有粉料时的压力，宜低于设备外部的环境压力。

7.2 特殊地点的有效除尘

7.2.1 不能完全防止粉尘泄漏的特殊地点（如粉料进出工艺设备处），必须采取有效的安全除尘措施。

7.2.2 手工装粉料场所，必须采取有效的防护措施。

7.2.3 进行打包的场所，必须定期清扫。

7.3 包装好的粉末产品，应尽快送到单独的贮存室。

7.4 做好平时的清扫工作

7.4.1 所有可能积累粉尘的生产车间和贮存室，都应及时清扫。

7.4.2 禁止使用压缩空气进行吹扫。

8 个体防护和抢救

8.1 个体防护

8.1.1 生产人员必须按 GB 11651 的有关规定，使用劳动保护用品。

8.1.2 在工艺流程中使用惰性气体或能放出有毒气体的场所，必须配备可净化空气的呼吸保护装置。

8.1.3 在作业场所内，严禁生产人员贴身穿着化纤织品做的衣裤。

8.2 抢救

8.2.1 企业必须编制粉尘爆炸事故抢救计划，并报主管部门批准。

8.2.2 应在当地消防部门的密切合作和指导下，对全体职工经常进行灭火和抢救训练。

9 灭火

9.1 禁止使用能扬起沉积粉末形成粉尘云的灭火方法。

9.2 灭火时，必须使用雾化效果好的喷嘴，以保证灭火剂能形成粉尘云和液雾幕。

9.3 应根据粉尘的物理化学性质，正确选用灭火剂。

9.4 若燃烧物与水接触能生成爆炸性气体，禁止用水灭火。

9.5 灭火设施和灭火剂必须随时可用。

10 建（构）筑物的结构与布局

10.1 安装有粉尘爆炸危险的工艺设备或存在爆炸性粉尘的建（构）筑物，它们之间应是分离的，并留有足够的安全距离。

10.2 建筑物宜为单层建筑，屋顶宜用轻型结构，也可采用"抗爆"结构。

10.3 多层建筑的结构

10.3.1 多层建筑物宜采用框架结构；不能使用这种结构的地方，必须在墙上设置面积足够大的泄爆口。

10.3.2 如果将窗户或其他开孔作为泄爆口，必须保证它们在爆炸发生时能有效地进行泄爆。

10.4 厂房内的危险工艺设备，宜设在建筑物内较高的位置，并靠近外墙。

10.5 设备、梁、架子、墙等必须具有便于清扫的表面结构，不宜有向上的拼接平面。

10.6 疏散路线

10.6.1 工作区必须有足够数目的疏散路线。疏散路线的数目和位置由设计部门确定，主管部门批准。

10.6.2 疏散路线必须设置明显的路标和事故照明。

10.7 特别危险的工艺设备应设置在建筑物外面的露天场所。

参 考 文 献

1　周作平，申小平．粉末冶金机械零件实用技术．北京：化学工业出版社，2005

2　《轻金属材料加工手册》编委会．轻金属材料加工手册（上册）．北京：冶金工业出版社，1979.14

3　高荫桓，张渌泉，宁福元．实用铝加工手册．哈尔滨：黑龙江科学技术出版社，1987.212

4　GB/T 2085.1—2006：雾化铝粉

5　GB/T 2085.2—2006：球磨铝粉

6　GBJ 1738—1993：特细铝粉规范

7　HG/T 2456—1993：铝粉浆

8　GB/T 5150—2004：铝镁合金粉

9　徐秉权，叶红齐．粉碎原理与工艺．中南工业大学教材科，1993.15~161

10　YS/T617.1~617.5—2007：铝、镁及其合金粉理化性能测定方法

11　ASTM D480-88-2003：铝粉和铝粉浆的抽样和试验方法

12　GB/T 5314—1985：粉末冶金用粉末的取样方法

13　董青云．沉降法粒度仪测试技术与应用．丹东百特仪器有限公司

14　任中京．颗粒测试技术的进展与展望．中国颗粒学会2004年会，2004

15　GB 5162—85：金属粉末－振实密度的测定

16　陈振兴．特种粉体．北京：化学工业出版社，2004.114~302

17　肖亚庆，谢水生，刘静安，等．铝加工技术实用手册．北京：冶金工业出版社，2005.893~905

18　石广福，牟文祥，宋晓辉．影响雾化铝粉生产过程的因素．轻合金加工技术，2003，31（3）：47~48

19　张晗亮，李增峰，张健，等．超细金属粉末的制备方法．西北有色金属研究院，2006

20　李清泉．紧密耦合气体雾化制粉原理，粉末冶金工业，1999，9（5）

21　宋晓辉，孙宝明，吴亚光．磨制铝粉工艺中物料的动态平衡研究．轻合金加工技术，2004，32（1）：23~24

22　盖国胜．超细粉碎分级技术．北京：中国轻工业出版社，2000.35~356

23　陆厚根．粉体技术导论．上海：同济大学出版社，1997.112~139

24　孙玉波．重力选矿．北京：冶金工业出版社，1982.37~286

25　［丹］霍夫曼，［美］斯坦因．旋风分离器：原理、设计和工程应用．彭维明，姬忠礼译．北京：化学工业出版社，2004.45~144

26　宋晓辉，赵千红，方静，等．旋风分离器在铝粉生产中的应用．轻合金加工技术，2006，34（8）：37~40

27　徐宪斌，吴炬，吴会文，等．改造粗粉分离器提高锅炉机组经济性．中国电力，1999,32(7)

28 胡圣祥.助磨剂对磨矿过程和产品活性的影响［学位论文］.华南理工大学，1995

29 朱建光，成本诚.有机化学.北京：冶金工业出版社，1985.42

30 宋晓辉，石广福，韩书超.磨制铝粉所用添加剂的研究.轻合金加工技术，2002，30（5）：41

31 刘伯元.粉体表面改性.第8届全国粉体工程学术会议，2002

32 郑水林.影响粉体表面改性效果的主要因素.中国非金属矿工业导刊，2003，（01）：13～16

33 冯伯华，等.化学工程手册（第5卷）.北京：化学工业出版社，1989.22～80

34 《轻金属材料加工手册》编委会.轻金属材料加工手册（下册）.北京：冶金工业出版社，1980.117

35 周国泰.危险化学品安全技术全书.北京：化学工业出版社，1997.827

36 GB 13690—1992：常用危险化学品的分类及标志

37 付义平，李凤生，付廷明，等.闪光铝粉颜料的制备研究.轻合金加工技术，2005，33（7）：33～35

38 郑强.汽车闪光漆用片状铝粉的研究：［学位论文］.北京有色金属研究总院，1999

39 GB 17269—1998：铝镁粉加工粉尘防爆安全规程

40 GB 15577—1995：粉尘防爆安全规程

冶金工业出版社部分图书推荐

书　名	定价（元）
铝加工技术实用手册	248.00
铝合金熔铸生产技术问答	49.00
铝合金材料的应用与技术开发	48.00
大型铝合金型材挤压技术与工模具优化设计	29.00
铝型材挤压模具设计、制造、使用及维修	43.00
镁合金制备与加工技术	128.00
半固态镁合金铸轧成形技术	26.00
铜加工技术实用手册	268.00
铜加工生产技术问答	69.00
铜水（气）管及管接件生产、使用技术	28.00
铜加工产品性能检测技术	36.00
冷凝管生产技术	29.00
铜及铜合金挤压生产技术	35.00
铜及铜合金熔炼与铸造技术	28.00
铜合金管及不锈钢管	20.00
现代铜盘管生产技术	26.00
高性能铜合金及其加工技术	29.00
薄板坯连铸连轧钢的组织性能控制	79.00
彩色涂层钢板生产工艺与装备技术	69.00
连续挤压技术及其应用	26.00
金属挤压理论与技术	25.00
金属塑性变形的实验方法	28.00
复合材料液态挤压	25.00
型钢孔型设计（第2版）	24.00
简明钣金展开系数计算手册	25.00
控制轧制控制冷却	22.00
金属塑性变形力计算基础	15.00
板带铸轧理论与技术	28.00
高精度板带轧制理论与实践	70.00
小型型钢连轧生产工艺与设备	75.00
多元渗硼技术及其应用	22.00